生命延续的支撑

生物环境

SHENGWU HUANJING

鲍新华　张　戈　李方正◎编写

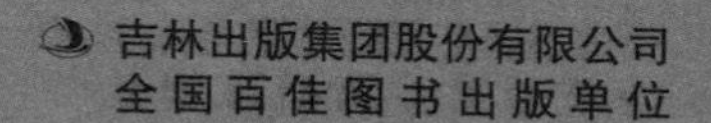
吉林出版集团股份有限公司
全国百佳图书出版单位

图书在版编目（CIP）数据

生命延续的支撑——生物环境 / 鲍新华，张戈，李方正编写．-- 长春 ：吉林出版集团股份有限公司，2013.6（2023.5重印）
（美好未来丛书）
ISBN 978-7-5463-3806-4

Ⅰ．①生… Ⅱ．①鲍… ②张… ③李… Ⅲ．①生物环境－青年读物②生物环境－少年读物 Ⅳ．①Q14-49

中国版本图书馆CIP数据核字(2013)第123528号

生命延续的支撑——生物环境

SHENGMING YANXU DE ZHICHENG SHENGWU HUANJING

编　　写　鲍新华　张　戈　李方正
责任编辑　宋巧玲
封面设计　隋　超
开　　本　710mm×1000mm　　1/16
字　　数　105千
印　　张　8
版　　次　2013年 8月 第1版
印　　次　2023年 5月 第5次印刷

出　　版　吉林出版集团股份有限公司
发　　行　吉林出版集团股份有限公司
地　　址　长春市福祉大路5788号
　　　　　邮编：130000
电　　话　0431-81629968
邮　　箱　11915286@qq.com
印　　刷　三河市金兆印刷装订有限公司

书　　号　ISBN 978-7-5463-3806-4
定　　价　39.80元

前　言

环境是指围绕着某一事物（通常称其为主体）并对该事物产生某些影响的所有外界事物（通常称其为客体）。它既包括空气、土地、水、动物、植物等物质因素，也包括观念、行为准则、制度等非物质因素；既包括自然因素，也包括社会因素；既包括生命体形式，也包括非生命体形式。

地球环境便是包括人类生活和生物栖息繁衍的所有区域，它不仅为地球上的生命提供发展所需的资源与空间，还承受着人类肆意的改造与冲击。

环境中的各种自然资源（如矿产、森林、淡水等）不仅构成了赏心悦目的自然风景，而且是人类赖以生存、不可缺少的重要部分。空气、水、土壤并称为地球环境的三大生命要素，它们既是自然资源的基本组成，也是生命得以延续的基础。然而，随着科学技术及工业的飞速发展，人类向周围环境索取得越来越多，对环境产生的影响也越来越严重。人类对各种资源的大量掠夺和各种污染物的任意排放，无疑都对环境产生了众多不可逆的伤害。

人类活动对整个环境的影响是综合性的，而环境系统也从各个方面反作用于人类，其效应也是综合性的。正如恩格斯所说：“我们不要过分陶醉于我们对自然界的胜利。对于每一次这样的胜利，自然界都报复了我们。”于是，各种环境问题相继产生。全球变暖导致的海平面上升，直接威胁着沿海的国家和地区；臭氧层的空洞，使皮肤病等疾病的发病率大大提高；对石油无节制的需求，在使环境质量受到严重考验的同时，不禁令我们担心子孙后辈是否还有能源可用；过度的捕鱼已超过了海洋的天然补给能力，很多鱼类的数量正在锐减，甚至到了灭绝的边缘，而其他动植物也正面临着同样的命运；越来越多的核废料在处理上遇到困难，由于其本身就具有可能泄漏的危险，所以无论将其运到哪里，都不可避免地给环境造成污染。厄尔尼诺现象的出现、土地荒漠化和盐渍化、大片森林绿地的消失、大量物种的灭绝等现象无一不警示人们，地球环境已经处于一种亚健康的状态。

放眼世界，自20世纪六七十年代以来，环境保护这个重大的社会问题已引起国际社会的广泛关注。1972年6月，来自113个国家的政府代表和民间人士，参加了联合国在斯德哥尔摩召开的人类环境会议，对世界环境及全球环境的保护策略等问题进行了研讨。同年10月，第27届联合国大会通过决议，将6月5日定为“世界环境日”。就中国而言，环境问题是中国人民21世纪面临的最严峻的挑战之一，保护环境势在必行。

本套书籍从大气环境、水环境、海洋环境、地球环境、地质环境、生态环境、生物环境、聚落环境及宇宙环境等方面，在分别介绍各环境的组成、特性以及特殊现象的同时，阐述其存在的环境问题，并针对个别问题提出解决策略与方案，意在揭示人与环境之间的密切关系，人与环境之间互动的连锁反应，警醒人类重视环境问题，呼吁人们保护我们赖以生存的环境，共创美好未来。

目录

MU LU

01 人类与生物之缘

在我们人类居住的地球上，从高山到平原，从沙漠到草原，从赤道到极地，从天空到湖海，几乎到处都有种类繁多、大小不一、形态各异的生物，是它们把地球装点得绚丽多姿、生机勃勃，是它们为人类提供了大量赖以生存的资源。生物是一个重要的环境要素，它们构成的充满生气、富有活力的环境，更是人类赖以发展、走向未来的可靠保障。

人类对生物资源的利用具有悠久的历史，可以说从人类诞生时就开始了利用生物资源的历史。早在原始社会，人类的祖先就以采集野

▲ 地球上的生物种类繁多

果和狩猎的方式利用野生生物资源，但当时人们利用的只是其中的一小部分。随着社会的发展、生产力水平和人们生物学知识的提高，人们利用的生物种类和数量也日益增多，利用生物的方式也越来越多样化。从利用少数几种野生植物果实发展为利用多种植物体，又逐渐发展为培育出多种农作物、果树等，生产出粮食、蔬菜、水果等；从捕食少数几种野生动物逐渐发展为驯化培育出马、牛、羊、猪、鸡等多种畜禽动物品种。畜禽除了可以食用外，有的还可用来役使，从事农业生产及运输等活动。

① 平原

平原是海拔较低的平坦的广大地区，海拔多在0～500米，一般都在沿海地区。根据高度可将平原分为低平原（海拔在0～200米）、高平原（海拔在200～500米）。根据成因又可将平原分为冲积平原、海蚀平原、冰蚀平原和冰碛平原。

② 沙漠

沙漠是指地面完全被沙所覆盖、植物非常稀少、雨水稀少、空气干燥的荒芜地区。地球陆地的1/3是沙漠，沙漠地域大多是沙滩或沙丘，沙下岩石也经常出现。此处泥土很稀薄，植物也很少。有些沙漠是盐滩，完全没有草木。沙漠一般是风成地貌。

③ 极地

极地是位于地球南北两端，纬度在66.5°以上，常年被冰雪覆盖的地方。昼夜长短会随四季的变化而改变是极地最大的特点。由于终年气温非常低，所以在极地区域几乎没有植物生长。

02 人类的衣食之源

时至今日，生物的作用显得更为重要，人的衣、食、住、行及其他活动都离不开生物。生物不仅为人类提供了食物、能源、生活必需品和生产原料，也为人类创造了一个适宜生存的优良环境，还维持着自然界的生态平衡。

此外，生物还具有观赏价值及科研价值。芬芳的花草、美丽的树木、可爱的兽类、活泼动人的鸟类，给自然界带来勃勃生机，也给人类带来了无限美的享受和愉悦。还有许许多多动物有惊人的才能，如海豚的技巧游泳、响尾蛇的准确猎物、鸟类的长途迁徙定向等，都给了人类无尽的遐思和无穷的灵感。现今有许多科技发明创造都是来自生物的启示。如人类依据响尾蛇的红外线自动热定位确定猎物位置的原理，成功地设计出精度极高的导弹制导系统。根据昆虫平衡棒具有保持航向不偏离作用的原理，创造出控制高速飞行器和导弹航向稳定作用的振动陀螺仪。鱿鱼和海兔具有独特的神经系统，对神经学有极大的研究价值，显示出生物对科学技术的发展有极大的推动作用。

① 生态平衡

生态平衡是指在一定时间内，生态系统中的生物和环境之间、生物各个种群之间，通过能量流动、物质循环和信息传递，使它们相

互之间达到高度适应、协调和统一的状态。即在生态系统内部，生产者、消费者、分解者和非生物环境之间，在一定时间内保持能量与物质输入、输出动态的相对稳定状态。

②海豚

海豚是一种本领超群、聪明伶俐的海中哺乳动物，属于鲸类，但体型较小，分布于世界各大洋，共有62种。海豚的大脑是海洋动物中最发达的，占其体重的1.7%。海豚主要以小鱼、乌贼、虾、蟹为食。

③红外线

红外线是太阳光线中众多不可见光线中的一种，由英国科学家霍胥尔于1800年发现，又称为红外热辐射。现代物理学称之为热射线。所有高于绝对零度的物质都可以产生红外线。医用红外线可分为两类：近红外线与远红外线。

▲ 人类的衣食之源

03 生物的可再生性

▲ 生物具有再生性

生物资源是大自然赋予人类的宝贵财富，是人类赖以生存和发展的重要物质基础。生物是人类的亲密伙伴，人类不可能脱离生物而独立生存。因此，人类要像爱护自己的身体一样珍惜生物资源，合理利用生物资源。

人类在利用生物资源的过程中首先必须注意生物资源的特性。生物资源具有可再生性，它可以不断地自我更新和人为地繁殖扩大。生物资源被利用、采伐、捕捞后，经过一定时间可以再次繁殖、生长起来，补充新的资源。只要其生物种群保持一定数量，经过一段时间的

繁衍生息，就可以再生，恢复原来的数量。如森林被砍伐后，经过一定阶段的更新，又可渐渐恢复成森林。这真是“离离原上草，一岁一枯荣。野火烧不尽，春风吹又生”。人们利用这一特性，增栽植物并扩大植物的生长范围，驯化和培育优良动物品种。只要科学合理地利用生物资源，就可以持续利用下去。

但是，如果肆意地利用生物资源的这种可再生性而不知节制，那么，最终可能导致生态平衡的破坏、物种的灭绝。

① 种群

种群是指在一定时间内占据一定空间的同种生物的所有个体。种群是进化的基本单位，同一种群的所有生物共用一个基因库。种群中的个体并不是机械地集合在一起，而是可以彼此交配，并通过繁殖将各自的基因传给后代。

② 森林

森林有“人类文化的摇篮”和“绿色宝库”等美称，是一个树木密集生长的区域。森林是构成地球生物圈的一个重要方面。其结构复杂，具有丰富的物种和多种多样的功能。森林不仅可以提供木材、食物、药材等资源，还具有改善空气质量、涵养水源、缓解“热岛效应”等作用。

③ 繁殖

繁殖是生物为延续种族所进行的产生后代的生理过程，即生物产生新的个体的过程。已知的繁殖方法可分为两大类：无性繁殖与有性繁殖。无性繁殖的过程只牵涉一个个体，如细菌用细胞分裂的方法进行无性繁殖；有性繁殖则牵涉两个属于不同性别的个体，人类的繁殖就是有性繁殖。

04 生物的可灭绝性

生物资源还有一个可怕的特性——可灭绝性。当生物由于人类的干扰和自然灾害等种群数量锐减时，就会威胁到种群的繁殖和生存。当种群个体减少到一定数量，这种生物的遗传基因便有丧失的危险，从而导致物种的灭绝。

物种的灭绝意味着该种资源在地球上永远消失。生物灭绝一方面是由于它们的生活能力差，不能适应环境变化和一些自然灾害等，但更主要的是由于人类活动的侵害。大面积的森林采伐、毁林开荒，草地的过度放牧和垦殖，对野生动物的大肆捕杀，工业化和城市化的发展以及成千上万吨有毒物质不断地进入自然环境导致大气、水及土壤的污染等，都会给许多生物带来致命的威胁。

▲ 水污染导致很多动物灭绝

在生物资源面临灭绝的厄运中，野生动物最为不幸。森林是野生动物的乐园，林海里

居住着许许多多的珍禽异兽，森林被破坏的同时也给这些动物带来了毁灭性的灾难。人类贪婪的欲望，对自然资源的掠夺与破坏，不仅导致野生动物失去生活的栖息地，还导致全球可利用资源迅速减少。如果不加以控制与防治，人类将面临一个荒芜的世界。

①基因

基因是遗传的物质基础，是DNA或RNA分子上具有遗传信息的特定核苷酸序列。人类大约有几万个基因，储存着生命孕育、生长、凋亡过程的全部信息，通过复制、表达、修复完成生命繁衍、细胞分裂和蛋白质合成等重要生理过程。

②放牧

放牧是家畜饲养方式之一，是使人工管护下的草食动物在草原上采食牧草并将其转化成畜产品的一种饲养方式，也是最经济、最适应家畜生理学和生物学特性的一种草原利用方式。适度的放牧不仅有益于家畜成长，还有益于牧草生长。

③土壤污染

土壤污染是由于土壤污染物质的进入，土壤的正常功能被妨碍，作物产量和质量降低的现象。随着工业的迅猛发展、人口的急剧增长，固体废物不断向土壤表面倾倒和堆放，有害物质不断向土壤中渗透，大气中的有害气体及飘尘也不断随雨水降落到土壤当中，致使土壤污染越来越严重。

05 物种消亡

▲ 灭绝动物纪念碑

自然资源的破坏导致大量野生动物无家可归，大批鸟类销声匿迹。许多野生动物是因为遭到人类的乱捕滥杀而濒临灭绝的。虎骨、象牙、犀角、鹿茸等珍贵物品，常常诱使人们做出过火的行为，大批野生动物成了猎枪下的牺牲品。同时，日益严重的环境污染给野生动物带来的灾难也是十分惊人的。

根据历史记录统计，近2000年来，兽类中的110多种和鸟类中的139种已从地球上灭绝，其中1/3是19世纪以前消失的，1/3是19世纪绝种的，另外1/3是20世纪60年代以前灭绝的。据估计，目前全世界有2.5万种植物和1000种脊椎动物处于即将灭绝的危险之中。科学家估计，地球上现在每天灭绝三个物种，而且还有加剧的趋势。灭绝一个物种，其后果不仅在于自然界中少了一个成员，失去了一个天然的基因库，更重要的还在

于它可能造成生态系统中某一个食物链环节的缺失，从而导致一系列生物物种的危难和灭亡，破坏生态平衡，给人类带来难以估量的影响。

因此，保护生物资源已成为人们极为关注的问题。人们在利用生物资源时一定要树立忧患意识，做到保护得好，利用合理，使生物资源成为取之不尽、用之不竭的宝贵财富，让它生生世世为人类造福。

① 脊椎动物

脊椎动物是指有脊椎骨的动物，包括鱼类、两栖动物、爬行动物、鸟类和哺乳动物五大类。脊椎动物一般体形左右对称，全身分为头、躯干、尾三个部分，有比较完善的感觉器官、运动器官和高度分化的神经系统。

② 生态系统

生态系统指无机环境与生物群落构成的统一整体，范围可大可小。无机环境是一个生态系统的基础，它直接影响着生态系统的形态；生物群落则反作用于无机环境，它既适应环境，又改变着周围的环境。

③ 中国野生动物保护

中国禁止猎捕、杀害国家重点保护野生动物。因科学研究、驯养繁殖、展览或者其他特殊情况需要捕捉、捕捞国家一级保护野生动物的，必须向国务院野生动物行政主管部门申请特许猎捕证；猎捕国家二级保护野生动物的，必须向省、自治区、直辖市政府野生动物行政主管部门申请特许猎捕证。

06 复杂的食物链

生态系统中的生物之间存在着各种密切、复杂的联系，一种生物以另一种生物为食，彼此形成一个以食物连接起来的锁链关系，这种生物间的食物营养序列在生态学上就被称为食物链。按照生物与生物之间的关系可将食物链分为捕食食物链、寄生食物链、腐食食物链和碎食食物链。

中国谚语“大鱼吃小鱼，小鱼吃虾米，虾米吃泥巴”，很好地描述了池塘生态系统中生物吃与被吃的关系及其形成的食物链。成语“螳螂捕蝉，黄雀在后”也反映了丛林生态系统中动物世界的弱肉强食现象。在自然界的生存斗争中，一切动植物彼此之间都存在着吃与被吃的复杂关系，并由此形成各种复杂的食物链。

从植物和动物最初出现到今天，这种提供食物和取得食物的锁链关系基本没有改变，营养物质通过食物链在不同的生物之间流动。在草原上，蝗虫吃植物，青蛙吃蝗虫，蛇吃青蛙，老鹰吃蛇，这就是食物链的典型例子。

食物链对环境有十分重要的影响。有害人体健康和生物生存的毒物会通过食物链扩散开来，增大其危害范围。生物还可以在食物链上通过生物放大作用，浓缩有毒物质，达到致死剂量，危害人类。因此，研究有毒物质在食物链中的迁移转化规律，对于防止有毒物质的扩散、减轻环境污染有着十分重要的意义。

▲ 螳螂捕蝉

① 蝗虫

蝗虫是蝗科直翅目昆虫，数量极多，生命力顽强，能栖息在各种场所，大多数是损害作物的重要害虫。全世界的蝗虫超过1万种，分布于热带、温带的草地和沙漠地区，在严重干旱时可能会大量爆发，对自然界和人类形成危害。

② 草原

草原是具有多种功能的自然综合体，属于土地类型的一种，分为热带草原、温带草原等多种类型。草原是世界所有植被类型中分布最广的，草本和木本的饲用植物大多生长在草原上。

③ 腐食性

腐食性就是生物以腐败的动植物遗体、遗物为食料而得到营养的习性。鬣狗、秃鹫、蜥蜴及虾蟹类喜好以动物的尸体为食。许多昆虫也具有腐食性，如常见的家蝇、蜗牛等。

07 生物能量

当我们投身于大自然的时候，常常会看到鸟儿在空中飞、牛羊在地上跑、鱼儿在水里游。这些生物的活动，它们的能量是从哪里来的呢？科学家告诉我们，这些能量来自太阳，是光芒四射的太阳时刻不停地向地面辐射着巨大的能量。据分析，进入大气层的太阳能只有1%左右被绿色植物所利用。绿色植物通过光合作用把太阳能转变成有机分子中的化学能。当食草动物吃植物时，这种能量就转移到食草动物身体中，当食肉动物吃食草动物时，能量又转移到食肉动物的身体中，最后食肉动物的残体被微生物分解，能量又归还到环境中。

▲ 自然界弱肉强食的现象

太阳能沿着食物链、食物网在生态系统中流动时，能量在生物之间的转移并非是百分之百的。比如绿色植物所获得的能量不可能全部被草食动物利用，因为绿色植物的根系、茎秆、果壳及枯枝落叶等组织，往往不能被草食动物所采食，即使已被草食动物采食的部分还有不能被消化而作为粪便排出体外的。由于上述原因，草食动物所利用的能量，一般仅为绿色植物所含能量的1/10左右。同样的道理，肉食动物所利用的能量，一般为草食动物所含能量的1/10左右。可见，能量在生态系统中的流动是越来越少，所能供养的动物数量也应该越来越少。

① 太阳

太阳是太阳系的中心天体，是距离地球最近的恒星。太阳的直径大约是139.2万千米，相当于地球直径的109倍。在茫茫宇宙中，太阳只是一颗非常普通的恒星，只是因为它离地球近，所以看上去是天空中最大最亮的天体。

② 辐射

辐射指的是能量以电磁波或粒子的形式向外扩散的一种状态。辐射的能量从辐射源向外所有方向都是直线放射。一般可依能量的高低及电离物质的能力分为电离辐射和非电离辐射。

③ 光合作用

光合作用，即光能合成作用，是生物界赖以生存的基础，是植物、藻类和某些细菌在可见光的照射下，经过光反应和碳反应，利用光合色素将二氧化碳（或硫化氢）和水转化为有机物，并释放出氧气（或氢气）的生化过程。

08 十分之一定律

一般说来，能量沿着绿色植物→草食动物→一级肉食动物→二级肉食动物逐级流动，下一级生物所获得的能量大体等于上一级生物所含能量的1/10。关于这种数量关系，人们称之为“十分之一定律”。这个定律是由美国耶鲁大学的生态学家林德曼于1942年创立的，因此也叫林德曼效率。通俗地说，一个人若靠吃水产品增加1千克体重的话，按林德曼效率，就得吃10千克鱼，10千克鱼要以100千克浮游动物为食，100千克浮游动物要消耗1000千克浮游植物才行。

十分有趣的是，如果把食物链和食物网中各级生物的生物量、能量和个体数量按营养级顺序排列起来，绘制成图，竟与埃及金字塔的形状非常相似。为此，人们又把“十分之一定律”称作“能量金字塔定律”。

能量金字塔定律告诉人们，能量在生态系统流动中存在着严格的数量关系，因此，生态系统营养级的有机体之间，必须保持一定的数量关系才能维持生态平衡。

人类既吃植物又吃动物，而且吃起来非常讲究，挑挑拣拣，显然居于能量金字塔的最顶端，按理个体数量不宜很大。然而世界人口还在快速增长，长此下去，地球上的动植物将无法供养人类，那么人类就无法在地球上生存了。另外，人类几乎能从每一个营养级中摄取食物，如果食物链受污染，就会危及人类生存，因此必须防止环境污染。

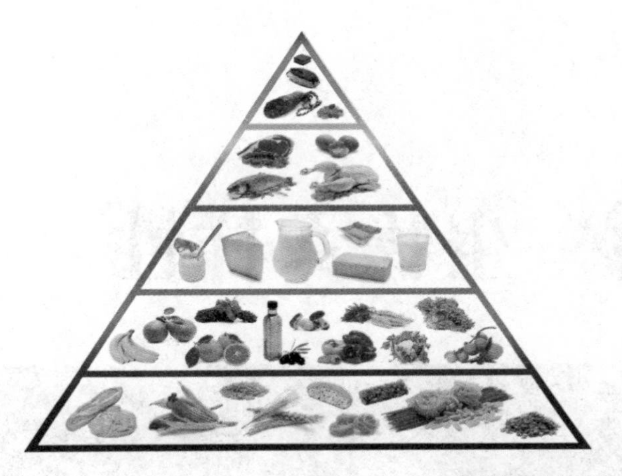

▲ 食物能量金字塔

① 生态

生态一词源于古希腊语，是指家或者我们的环境，现在通常指生物（原核生物、原生生物、动物、真菌、植物五大类）的生活状态，生物之间和生物与环境之间的相互联系、相互作用，生物的生理特性和生活习性。

② 金字塔

金字塔从建筑学上来说，就是指角锥体建筑物。一般的金字塔基座为正三角形或正方形，也可能是其他的正多边形，侧面由多个三角形或梯形的面相接而成，顶部面积非常小，甚至呈尖顶状，像一个“金”字。著名的金字塔有埃及金字塔、玛雅金字塔等。

③ 埃及

埃及全称为阿拉伯埃及共和国，大部分位于非洲东北部，只有苏伊士运河以东的西奈半岛位于亚洲西南角，北濒地中海，东临红海，地处亚、非、欧三洲交通要冲，海岸线长约2700千米。埃及是人类文明的发源地之一，具有丰富的旅游资源，文化古迹众多。

09 生物多样性

▲ 热带雨林

生物多样性一词来源于英语，意为互异的、有差异的、多变而不同的状态，简单地说，就是指地球上所有植物、动物、真菌、微生物及它们的变异体，以及这些生物与环境构成的生态系统和它们形成的生态过程。生物多样性可分为三个层次：遗传基因多样性、生物物种多样性和生态系统多样性。

遗传基因多样性是种内基因的变化，包括种内显著不同的种群和种群内的遗传变异。

生物物种多样性，即物种水平的生物多样性，是指地球上物种的多种多样。

生态系统多样性是指生物圈内生活环境、生物群落和生态过程的多样性以及生态系统内生活环境差异、生态过程变化的多样性。

生物多样性在热带地区体现最为明显，尤以热带雨林、热带湖、热带海洋为最。中国生物多样性中心常常是地形复杂、地质复杂、地史古老的地方，如西南山区。

生物多样性现在正面临着严重的威胁。有人估计，每灭绝一个物种，伴随着将有10～30个其他物种灭绝。为了使我们的地球丰富多彩，我们有责任和义务保护生物多样性。

①遗传变异

遗传变异是同一基因库中，生物体之间呈现差别的定量描述。生物的遗传与变异是同一事物的两个方面，遗传可以发生变异，发生的变异可以遗传，遗传与变异是生物界普遍发生的现象，也是物种形成和生物进化的基础。

②海拔

海拔是海拔高度的简称，是指某地与海平面的高度差，通常以平均海平面作为标准来计算，表示的是地面某个地点高出或低于海平面的垂直距离。海拔的起点称为海拔零点或水准零点，是某一濒海地点的平均海水面。地球表面海拔最高的地点是珠穆朗玛峰，海拔最低的地点是马里亚纳海沟。

③降雨量

降雨量是指从天空降落到地面上的雨水，未经蒸发、渗透、流失而在地面上积聚的水层深度。降雨量一般用雨量筒测定，所以其中可能包含少量的露、霜和凇等。年均降雨量是指某地多年降雨量总和除以年数得到的均值。

10 保护生物多样性

1992年6月，在巴西里约热内卢举行的联合国环境与发展大会上，153个国家正式签署了《生物多样性公约》。该公约的目标是促进保护并持续利用生物多样性，并促使公平合理地分享利用生物资源而产生惠益。大会还确定每年的12月29日为“保护生物多样性日”，确认生物多样性的保护是全人类共同关切的事业。

生物多样性是地球上所有的生物——动物、植物和微生物及其所构成的综合体。它包括生态系统多样性、生物物种多样性和遗传基因多样性三个组成部分。

生态系统是生物与其生存环境所构成的综合体。所有物种都是各种生态系统的组成部分。生态系统类型极多，有森林、草原、江河、湖泊、农田、海洋等，所有的生态系统都具有各自的生物群落，都保持各自的生态过程，即生命所必需的化学元素的循环和各组成部分之间能量的流动。不论是从一个小的生态系统，还是从全球范围来看，这些生态过程对所有生物的生存进化和持续发展都是十分重要的。

物种多样性是指动物、植物、微生物丰富的种类。各种各样的物种是农、林、牧、副、渔等行业经营的主要对象，它们为人类提供了必要的生活物质，是人类生存发展的物质基础。

广义的遗传基因多样性是指地球上生物所携带的各种遗传信息的总和。这些遗传信息储存在生物个体的基因之中。

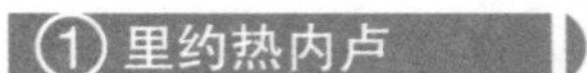

① 里约热内卢

里约热内卢州位于巴西东南部，北临圣灵州，西临米纳斯吉拉斯州，西南临圣保罗州，是巴西仅次于圣保罗的第二大城。里约热内卢沿海地势较平坦，内陆多为丘陵和山地，风景优美，每年吸引大量游客到此观光，市境内的里约热内卢港是世界三大天然良港之一。

② 化学元素

化学元素又称元素，是指自然界中100多种基本的金属和非金属物质。这些物质组成单一，用一般的化学方法不能使之分解，并且能构成一切物质。到2007年为止，总共有118种元素被发现，其中94种存在于地球上。

③ 渔业

渔业是人类利用水域中生物的物质转化功能，通过捕捞、养殖和加工以取得水产品的社会产业部门。一般分为海洋渔业和淡水渔业。中国拥有1.8万多千米的海岸线、20万平方千米的淡水水域、1000多种经济价值较高的水产动植物，发展渔业前景广阔。

▲ 海洋生态系统

11 物种减少的影响

生物物种的减少或灭绝会使生物多样性遭到破坏，从而影响优良品种的培育，给农牧业造成严重危害。

人类对农作物和家畜进行选种的历史非常久远。早在石器时代，人们就从已生存了千万年的野生动植物中培育、驯化农作物和家畜。在现代农业和畜牧业的发展中，优良品种的培育仍是至关重要的，而优良品种的培育要求必须有合适的基因资源。野生品种的遗传基因对农作物和家畜的改良仍会发生作用，这是因为人工栽培或饲养的动植物，由于其遗传基础较窄，大都需要自然界基因库的野生祖型及其近亲的遗传物质来作为新品种培育的基础。人们通过对动植物的分布范围和特性进行调查，然后对各种来源的遗传物质进行评价，按自己的需要选育出新品种。但如果相关的野生品种大量消失，人类选育新品种的

▲ 物种减少影响农业

目标就难以实现了。

如今人类种植的玉米、小麦、大豆和瓜果蔬菜等，都是从野生物种逐渐演化而来的，但是经过多年的栽种后，物种便会产生退化，抵抗病虫害的能力降低，产量下降，质量变差。人类为了改良品种，就得从野生物种中寻找与其相似的物种，将其特有的基因植入到现在人类种植的作物上去。这样不仅可以改变作物抵抗自然灾害的能力，还能大大提高作物的产量和质量。

①遗传

遗传是指经由基因的传递，使后代获得亲代的特征。除了遗传之外，决定生物特征的因素还有环境以及环境与遗传的交互作用。目前已知地球上现存的生命主要是以DNA作为遗传物质的。

②驯化

驯化是指通过改变外来植物的遗传性状以适应新环境的过程或将动物从野生状态改变为家养的过程，是人们在生产生活实践当中出现的一种文明进步行为。到目前为止，全驯化的动物种类有几千个品种。

③家畜

家畜是人类为了经济或其他目的而驯化和饲养的兽类，如菜畜、奶牛、役畜、猪、狗、猫等。人类最早饲养家畜要追溯到一万多年前，它是人类走向文明的一个重要表现。一般较常见的家畜饲养方式有舍饲、圈饲、放牧等。

12 遗传基因的作用

任何优良品种的特性都不可能永远保持。如欧洲和北美的小麦及其他谷物品种的平均寿命只有5～15年，这是因为病虫害的演变会使作物的抗性失去作用，土壤、气候的变化会使原来的品种不能适应，只有不断培育新品种，才能适应环境的变化，从而使物种绵延不绝。又如巴西所有的咖啡树，都是一棵咖啡树的遗传后代，其抗病虫害和适应环境变化的能力极差，一旦发生灾害，还得求助于野生种。19世纪60年代，由于一种葡萄根部的寄生昆虫从北美传到欧洲，欧洲几乎所有的葡萄园受害，许多种植园主面临家破人亡的绝境，后来发现美洲

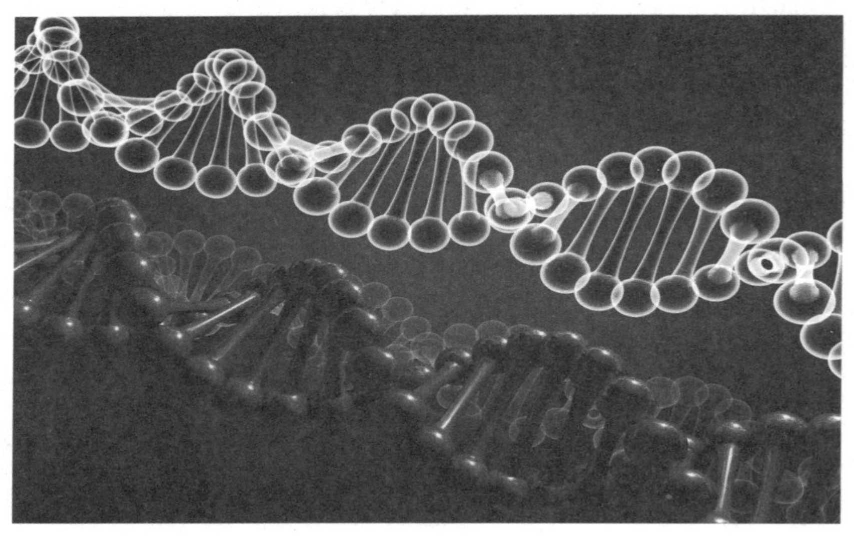

▲ 遗传基因图像

本地的一种野葡萄对这种害虫有抗性，立即把欧洲葡萄嫁接到美洲野葡萄的砧木上，从而挽救了欧洲的葡萄种植业。中国的水稻专家袁隆平等人培育的高产优质杂交水稻，也是通过栽培水稻和野生稻杂交出来的。

农作物的原始种群及其野生的亲缘种是培育抗病力强、能适应不同环境、产量高的新品种的唯一来源，其重要性可以说是举足轻重。如矮化小麦和水稻品种的出现，使世界上许多地区的稻麦大量增产。但令人痛心的是，世界上许多野生的和栽培作物的品种和变种已经灭绝，还有的正在灭绝。这对农业的危害是十分巨大的。

①寄生虫

寄生虫指一种生物在其一生的大多数时间居住在另外一种称为宿主或寄主的动物身上，同时对被寄生动物造成损害。许多小动物都是以寄生的方式生存，依附在比它们更大的动物身上。广义上来说，细菌和病毒也是寄生虫。

②谷物

谷物主要是指禾本科植物的种子，包括稻米、小麦、玉米及其他杂粮（如小米、黑米、荞麦、燕麦、薏仁米、高粱等）。谷物主要给人类提供的是50%～80%的热能、40%～70%的蛋白质、60%以上的维生素B_1。

③咖啡树

咖啡树为茜草科多年生常绿灌木或小乔木，是一种园艺性多年生经济作物，具有速生、高产、价值高、销路广的特点。咖啡树的原产地在非洲的埃塞俄比亚。咖啡树只适合生长在热带或亚热带，所以南北纬25°之间的地带，一般被称为咖啡带或咖啡区。

13 物种保护

各种各样的野生物种为人类提供了大量的药材，因此，物种的灭绝大大减少了人类所必需的一些重要药物的来源，对医药事业是一个沉重的打击。医药界面对日益加快的物种灭绝状况，一再呼吁要加强物种保护。丰富多彩、千姿百态的生物资源，是许多药物的来源。中国古代著名医药学家李时珍的药物学巨著《本草纲目》中，记载了许多野生动植物的药用价值，仅其中收载的动物药就有400余种，植物药达5000多种，其中1700多种为常用药物。世界卫生组织的统计表明：发展中国家80%的人靠未经过深加工的药用生物进行医疗。西药也离不开野生动植物。据统计，美国每年的处方中，至少有40%含有来源于野生生物的药物，其中高等植物占25%。美国每年来自植物的药物价值达40亿美元之多。

▲ 中药材黄芩

在医学研究中，常需要大

量的实验动物，而珍贵的灵长类动物在这方面显得特别重要，如预防小儿麻痹需要用猕猴的肾脏来培养减毒疫苗。美洲的有肺鱼是一种不讨人喜欢的动物，可是近来发现它在医学研究上有重要价值，这种生活在河湖中的鱼能在河湖干涸时钻入淤泥中休眠长达两年之久。人们期望着从有肺鱼的血液中找到一种控制休眠的分泌物质，在外科心脏手术时，用这种休眠物质使病人新陈代谢减弱，为医生赢得更多的手术时间。

① 李时珍

李时珍是中国古代伟大的医学家、药物学家，曾参考历代有关医药及其学术书籍800余种，结合自身经验和调查研究，历时27年编成《本草纲目》一书。《本草纲目》是中国古代药物学的总结性巨著。

② 世界卫生组织

世界卫生组织是联合国下属的专门机构，国际最大的公共卫生组织。其宗旨是使全世界人民获得尽可能高水平的健康。它的总部设于瑞士日内瓦。

③ 疫苗

疫苗泛指所有用减毒或杀死的病原生物（细菌、病毒、立克次体等）或其抗原性物质所制成用于预防接种的生物制品。疫苗分为两类：第一类是指政府免费向公民提供，公民应当依照政府的规定受种的疫苗；第二类是指由公民自费并且自愿受种的其他疫苗。

14 保护医药生物

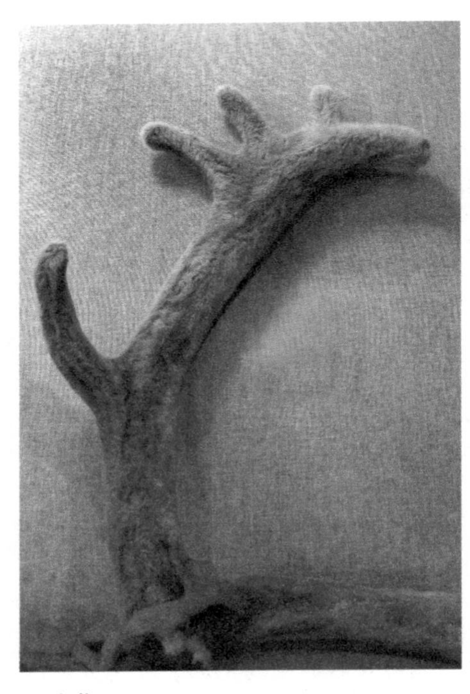
▲ 鹿茸

随着医学的发展，许多原来不引人注意甚至不知名的物种被发现可以入药，如热带雨林中的美登木、粗榧、嘉兰等可提取抗癌药物。近年来，医学发现能成功治疗乳腺癌和卵巢癌的“太平洋紫杉醇”，就是取材于美国太平洋沿岸的原始紫杉的树皮。现在人们又对相当多的陆生动物的药用价值进行了研究。比如水蛭素是珍贵的抗凝血剂，蜂毒是治疗关节炎的良药，某些蛇毒能控制高血压，猴肾脏可以培养一种防止小儿脊髓灰质炎的疫苗。据统计，如果不给小孩提供这种疫苗，将有6%的孩子死于这种疾病。

然而，令人忧虑的是，物种的减少使人类永远地失掉了一些有效的药物来源。中国的高鼻羚羊、犀牛、豚鹿等基本灭绝，东北虎、梅花鹿等处于濒危状态，使得中药中的鹿茸、羚羊角、犀牛角、虎骨等

药材十分紧张，有的甚至已很难找到。西药中防治痢疾的奎宁来自热带金鸡纳树，治疗心脏病的利舍平来自亚洲热带的萝芙木，但由于世界各地的森林，尤其是热带雨林的破坏，这些生长在森林中的药用植物也跟着遭了殃。难怪医药界对物种灭绝也表现出忧心忡忡了。

①癌症

癌症是各种恶性肿瘤的统称，是由控制细胞生长增殖机制失常而引起的疾病。医学家指出，癌症是机体在环境污染、电离辐射、化学污染、微生物及其代谢毒素、自由基毒素、内分泌失衡、遗传特性、免疫功能紊乱等各种致癌物质、致癌因素的作用下身体正常细胞发生癌变的结果。

②太平洋

太平洋是位于亚洲、大洋洲、美洲和南极洲之间的世界上最大、最深、边缘海和岛屿最多的大洋。它包括属海的面积为18 134.4万平方千米，不包括属海的面积为16 624.1万平方千米，约占地球总面积的1/3。

③陆生动物

陆生动物是指在陆地上生活的动物。陆地气候相对干燥，因此在陆地生活的动物一般都有防止水分散失的结构。由于其不受水的浮力作用，一般都具有支持躯体运动的器官。除少数地下陆生动物外，陆地生活的动物几乎都是呼吸空气的。

15 生物种类多多益善

生物多样性是大自然赋予人类的宝贵财富，必须加以保护。各种物种，无论是动物、植物，还是微生物，都在维持生态平衡中起着重要作用。它们为人类提供食物，提供新鲜的空气，调节气候，控制疾病的流行等。

每种生物都有其特有的遗传性，使其能适应一定的环境条件。这种遗传性对人类至关重要。例如许多农作物及水果蔬菜等都是人类对生物千百年筛选、培育的成果。而杂交种可以从其野生近亲中吸取新的基因，以保持和提高它们的优良性能。

生物还对现代科技的发展作出了特殊的贡献。许多发明创造的灵感就来自于生物。科学家们从鸟兽、昆虫等的活动中，悟出许多有益于人类的东西，并仿造出相应的产品，服务于人类生活。昆虫学家发现，苍蝇的后翅退化成一对平衡棒。当它飞行时，平衡棒以一定的频率进行机械振动，可以调节翅膀的运动方向，是保持苍蝇身体平衡的导航仪。科学家据此原理研制出新一代导航仪——振动陀螺仪，大大改进了飞机的飞行性能，可使飞机自动停止危险的翻滚飞行。

总之，保护生物多样性，持续利用生物资源，对于整个世界有着十分重要的意义。

▲ 杂交水稻

① 气候

气候是长时间内气象要素和天气现象的平均或统计状态，时间尺度为月、季、年、数年到数百年以上。气候的形成主要是由热量的变化而引起的。气候以冷、暖、干、湿等特征来衡量，通常由某一时期的平均值和离差值表征。

② 农作物

农作物指农业上栽培的各种植物，包括粮食作物（水稻、玉米等）、油料作物（大豆、芝麻、油菜等）、蔬菜作物（萝卜、白菜、韭菜等）、嗜好作物（烟草、咖啡等）、纤维作物（棉花、麻等）、药用作物（人参、当归、金银花等）等。

③ 杂交

杂交是通过不同的基因型的个体之间的交配而取得某些双亲基因重新组合的个体的方法。一般情况下，把通过生殖细胞相互融合而达到这一目的的过程称为杂交，而把由体细胞相互融合达到这一结果的过程称为体细胞杂交。

16 植物

生物界中的植物是生命的主要形态之一，可分为种子植物和孢子植物，包括乔木、灌木、藤类、青草、蕨类、地衣及绿藻等人们熟悉的生物。

绿色植物通过光合作用从太阳光中得到能量，同时又为其他以植物为食的生物提供能量，故在生物学上被称为生产者。生产者也包括单细胞的藻类和能把无机物转化为有机物的一些细菌。绿色植物的叶片中含有叶绿素，能进行光合作用，利用太阳能将二氧化碳和水转化成葡萄糖，再由葡萄糖和其他养分组成其他的有机物，以供自身及其

▲ 植物的叶片含叶绿素

他生物利用，并在生态系统中为其他一切生物提供赖以生存的食物。

自然界中除了绿色植物，还有其他颜色的植物，而且种类相当多，据估计有35万个物种。截至2004年，其中的287 655个物种已被确认，有1.5万种苔藓植物、25 865种开花植物。植物的形态也多种多样，有像藤蔓般又细又长的，有像杏仁桉树一样高大挺拔的，还有像栗树一般粗壮的。不同形态的植物具有不同的性质和功能，如有不怕火烧的树木，有比钢铁还要硬的树木，还有极具观赏价值的植物等。

① 细胞

细胞是生命活动的基本单位，可分为原核细胞和真核细胞。一般来说，绝大部分微生物（如细菌等）以及原生动物由一个细胞组成，即单细胞生物；高等动物与高等植物则是多细胞生物。世界上现存最大的细胞为鸵鸟的卵。

② 藻类

藻类是原生生物界中一类真核生物，体型大小各异，小至长1微米的单细胞的鞭毛藻，大至长达60米的大型褐藻，水生，无维管束，能进行光合作用。藻类植物并不是一个纯一的类群，各分类系统对它的分门也不尽一致，一般分为蓝藻门、金藻门、眼虫藻门、甲藻门、褐藻门、绿藻门、红藻门等。

③ 叶绿素

叶绿素是一类与光合作用有关的最重要的色素。植物通过叶绿素从光中吸收能量，然后将二氧化碳转变为碳水化合物。叶绿素实际上存在于所有能进行光合作用的生物体中，包括绿色植物、原核的蓝绿藻和真核的藻类。

17 植物庞大的根系

种子埋入地里，首先是向下长出根须，然后才是向上长出嫩芽。植物的根须自诞生的那天起，就埋头在泥土里一个劲地向纵深发展，竭尽全力地为茎、叶、花、果服务，输送养料和水分。虽然有些植物的根须也长出地面，但它却是为了更牢固地支撑植物的躯干，防止狂风的袭击。

叶不茂，茎也不粗，而根相当深的植物很多。比如野地里的蒲公英，全身只有七八厘米，可是根却有约1米深；非洲的巴恶巴蒲树也很矮，而根却深入地下达30米。越是在恶劣环境里生长的植物，它的根扎得也越深，否则无法为植物提供充足的养料和水分，生命将难以维持。

有些植物的根须不仅扎得深，而且数量也很多。一株黑麦的根共有1400多条，根上生长着150亿条根毛。哪里有养料和水分，根须就伸向哪里。为了植物茎、叶、花、果的生长，根须在地下努力吸吮大地的乳汁。它所占的面积，通常要比枝叶覆盖的面积多5~15倍，甚至上千倍。

根须完成给植物输送养料和水分的任务之后，待果实成熟了，就会变成腐殖质，为来年生长的植物作出最后的贡献。

①蒲公英

蒲公英属菊科多年生草本植物，含有蒲公英醇、蒲公英素、胆

碱、有机酸、菊糖等多种健康营养成分，有利尿、缓泻、退黄疸、利胆等功效。蒲公英还含有蛋白质、脂肪、碳水化合物、微量元素及维生素等，有很高的营养价值。

▲ 树根

② 黑麦

黑麦是一种谷类作物，能制成黑麦面粉，富有营养，含淀粉、脂肪、蛋白质、维生素B和磷、钾等，现广泛种植于欧洲、亚洲和北美。黑麦叶量大，茎秆柔软，营养丰富，适口性好，是牛、羊、马的优质饲草。

③ 腐殖质

腐殖质是指已死的生物体在土壤中经微生物分解而形成的有机物质，能改善土壤，增加肥力。腐殖质在土壤中，于一定条件下缓慢地分解，释放出以氮和硫为主的养分来供给植物，同时释放二氧化碳加强植物的光合作用。

18 森林覆盖率

▲ 高山草甸

在地球表面有29%是陆地，在陆地上有的地方被植被、森林所覆盖，而有的地方却没有绿地，只有裸露的岩石。那么，什么叫植被、裸地和森林覆盖率呢?

在一定区域内，覆盖着地面的植物及其群落，称为植被。整个地球表面的植物叫世界植被；某个地区的植被叫地方植被。栽培的农田或森林叫人工植被；天然的森林和草甸称为自然植被。

裸地是指没有植物生长的裸露地面。裸地可分为以前没有植被覆盖过的原生裸地和以前有植被覆盖而后来植被消失了的次生裸地。裸地对自然环境和农牧业生产不利。

森林覆盖率是一定范围内林地面积占该范围总面积的百分比。例如，联合国粮农组织公布的世界森林资源评估报告，调查了179个国家，其陆地总面积为1.294亿平方千米，森林面积为0.344亿平方千米，森林覆盖率约为27%。

世界现有森林面积最大的国家是俄罗斯，为755万平方千米，巴西为566万平方千米，加拿大为247万平方千米，美国为210万平方千米，中国为159万平方千米。中国的森林覆盖率为16.55%，名列世界第29位。如果森林覆盖率达到30%，分布均匀，则环境就比较好，农牧业生产就比较稳定。

①草甸

草甸是一种生长在中度湿润条件下的以多年生中生草本为主体的植被类型。它与草原的区别在于草原以旱生草本植被占优势，是半湿润和半干旱气候条件下的地带性植被，而草甸一般属于非地带性植被，可以出现在不同植被带内。

②联合国粮农组织

联合国粮农组织是联合国系统内最早的常设专门机构，其宗旨是提高人民的营养水平和生活标准，改进农产品的生产和分配，改善农村和农民的经济状况，促进世界经济的发展并保证人类免于饥饿。

③巴西

巴西联邦共和国是拉丁美洲最大的国家，东临南大西洋，北面和南面与南美其他国家接壤，人口居世界第五位，面积居世界第五位。巴西的地形主要分为两大部分：一部分是海拔在500米以上的巴西高原，分布在巴西的南部；另一部分是海拔在200米以下的平原，主要分布在北部的亚马孙河流域和西部。

19 绿色宝库

地球上郁郁葱葱的森林，是自然界巨大的绿色宝库。

远在人类诞生以前几亿年，森林就已在地球上发育了。虽然地球曾几经沧桑，但森林始终生机盎然，成为陆地生态的强大支柱。人类的祖先就是从森林里发展起来的。如今森林依然为人类无私地服务着。

森林每年为人类提供数亿吨木材。这些木材在生产和生活中不仅是建筑材料、工业原料，也是能源。据美国在非洲加纳所做的实验，一片400平方千米的速生林，一年可生产相当于50万吨煤的能量。经过加工，这些速生林可生产5万吨甲醇、15万吨氮肥、1.5万吨木炭、8万千瓦时的电力。日本还试验成功了用桉树油制作汽车燃料油。

▲ 绿色宝库

森林是一个庞大的基因库，是野生动植物的乐园。森林中植物、动物、微生物种类繁多，物种极为丰富。据统

计，地球上有1000万～3000万个物种，而生存在森林中的物种就有400万～800万个。很多珍贵的药材、食用菌、山珍、鸟兽，都是以森林作为大本营的。

从生态与环境角度来看，森林是地球之肺，是生态平衡的支柱。森林通过光合作用，维持着空气中二氧化碳和氧气的平衡。

① 煤

煤是非常重要的能源，也是冶金、化学工业的重要原料，主要由碳、氢、氧、氮、硫和磷等元素组成，可分为烟煤、褐煤、无烟煤及半无烟煤。煤为不可再生的资源，综合、合理、有效开发利用煤炭资源，并着重把煤转变为洁净燃料，是人们努力的方向。

② 氧气

氧气是空气的主要成分之一，约占大气体积的21%。标准状况下无色、无臭、无味，在水中溶解度很小。氧气的化学性质比较活泼，具有助燃性和氧化性，大部分的元素都能与氧气反应。一般而言，非金属氧化物的水溶液呈酸性，而碱金属或碱土金属氧化物的水溶液则为碱性。

③ 化肥

化肥是化学肥料的简称，是以矿石、酸、合成氨等为原料经化学及机械加工制成的肥料，可为作物提供其生长所需的营养元素。作物所需的常量营养元素有碳、氢、氧、氮、磷、钾、钙、镁、硫；微量营养元素有硼、铜、铁、锰、钼、锌、氯等。过多地使用化肥会对环境造成负担，甚至破坏环境。

20 森林减灾效果好

森林覆盖率高，可以减少和防止许多自然灾害。

第一，森林生态系统具有比其他生态系统更为复杂和稳定的空间结构和营养结构，光能利用率和生物生产力是天然生态系统中最高的。同时，森林是巨大的二氧化碳吸收库，同时放出大量氧气。

第二，森林可以明显改善农田小气候，保护和促进农作物生长，保障农业稳定高产。据实地观测，森林在农田林网内通常可减缓风速30%~40%，提高相对湿度5%~15%，增加土壤含水量10%~20%，增产10%~20%。例如，中国“三北”防护林已使过去受风沙袭击的干热危害、产量低而不稳的11万平方千米农田的生态环境得到明显改善，粮食产量普遍增长10%~30%，过去沙化、盐渍化、退化的8.9万平方千米草场也得到了有效的保护和发展，产草量至少增加20%。

第三，森林可有效蓄水保土，调节水分配，保证水利设施正常发挥效能。森林凭借庞大的林冠、深厚的枯枝落叶层和发达的根系进行蓄水保土。据测定，林冠可截留降水20%左右，大大削弱了雨滴的冲击力，减轻了地表侵蚀。只要地表有1厘米厚的枯枝落叶层，就可以把地表径流减少到裸地的1/4以下，泥沙减少到裸地的7%以下。林地土壤渗透力更强，一般为每小时2500毫米，超过了一般降水的强度，一场暴雨几乎可以被森林完全吸收。

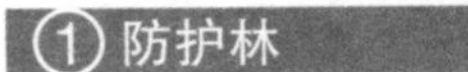

① 防护林

防护林是为了防风固沙、保持水土、调节气候、涵养水源、减少污染所经营的天然林和人工林，它是中国林种分类中的一个主要林种。营造防护林时要根据“因地制宜，因需设防”的原则。在防护林地区只能进行择伐，还要清除病腐木，并及时更新。

② 牧草

牧草一般指供饲养的牲畜食用的草或其他草本植物。广义的牧草包括青饲料和作物。牧草有较强的再生力，一年可收割多次，富含各种微量元素和维生素，所以是饲养家畜的首选。牧草品种的优劣直接影响到畜牧业经济效益的高低，须加以重视。

③ 土壤盐渍化

土壤盐渍化又称土壤盐碱化，是指土壤含盐太高而使农作物低产或不能生长的现象。土壤中盐分的主要来源是风化产物和含盐的地下水。灌溉水含盐和施用生理碱性肥料也可使土壤中盐分增加。土壤盐碱化后，会导致土壤溶液的渗透压增大，土体通气性、透水性变差，养分有效性降低。

▲ 三北防护林

21 天然空调器（一）

烈日炎炎的盛夏，人们都喜欢在树荫下乘凉，更喜欢到郊外的森林里去避暑。尽管骄阳似火，可是一旦步入森林，顿时会觉得清凉的空气沁入心田，无比舒适，比进入装有空调的房间还要舒服。这是因为森林里的绿色植物对气候具有调节作用，可使地温、气温、空气的湿度保持在宜人的程度，因此，人们亲切地称植物为天然的“空调器”。植物起空调作用的原因很多，但主要有以下几个方面：

屏蔽作用。植物茂密的枝叶可挡住阳光，减少阳光对地面的照射，又可将部分阳光反射到天空，而且还能将大部分阳光吸收，用来合成机体的各种有机物质。在植物繁茂的森林里，树木如同无数把大

▲ 林荫道

大小小、高低参差的遮阳伞，使炽热的阳光不能到达地面，因此森林覆盖的地面气温不会因阳光辐射而升高很多，即使在林外气温达到全日最高值时，森林内却仍近于日最低温度。

蒸腾、吸热、降温作用。植物的枝叶每天都要吸收、蒸发大量的水分，在水分变成水蒸气的蒸腾过程中，就要从周围的空气中吸收大量的热量，从而使周围空气的温度降低。当水蒸气上升至高空，也就把热量带到高空散去。这是植物空调与家用空调器的共同原理。

① 空调

空调即空气调节器，它的功能是对房间（或封闭空间、区域）内空气的温度、湿度、洁净度和空气流速等参数进行调节，以满足人体舒适或工艺过程的要求。空调可分为单体式、挂壁式、立柜式、嵌入式以及中央空调。

② 反射

反射是声波、光波等遇到其他的媒质分界面而部分仍在原物质中传播的现象。材料的反射本领叫作反射率，不同材料的表面具有不同的反射率，其数值多以百分数表示。同一材料对不同波长的光可有不同的反射率，这个现象称为选择反射。

③ 水蒸气

水蒸气简称水汽，是水的气态形式。当水在沸点以下时，就会缓慢地蒸发成水蒸气；当水达到沸点时，水就变成水蒸气；而在极低压环境下，冰会直接升华成水蒸气。水蒸气是一种温室气体，可能会造成温室效应。

22 天然空调器（二）

树林甚至独立的大树也具有空调作用。盛夏中午，在房前屋后的树荫下，无风而自凉就是这个道理。据测定，1万平方米森林每年要蒸腾8000吨水，同时吸收40亿千卡（1卡≈4.2焦耳）的热量。树荫下的温度要比街道上或建筑物内低16℃左右，绿化地区的温度可比无绿化区低8℃～10℃，就是小小的草坪的温度也比广场和建筑物要低3℃～5℃，这些都是植物调节的功劳。

增加空气湿度的作用。植物储存的大量水分在蒸腾过程中汽化进入空气中，使周围空气湿度增高，从而调节空气的湿度，防止干燥。植物的这种增湿作用在林地、绿化较好的公园等表现得十分明显。据测定，绿化地区的空气相对湿度比无绿化地区高11%～13%。

产生微风的作用。植物的降温增湿作用，使其周围的冷空气密度大而产生水平压力，进而向热空气区流动。热空气因密度小在冷空气压力下就会向天空上升，因此就产生了微风。就是在无一丝风的盛夏时节，人们在树荫下也会感到微风拂面，凉爽宜人。

植物的空调作用对于人类改善环境十分重要。一株大树、一块绿地就是一台空调器。让我们人人多栽树，多栽种花草，共享植物空调器所提供的清凉优美的环境。

▲ 城市绿化带

① 绿化带

绿化带是指在道路用地范围内供绿化的条形地带。绿化带具有美化城市、消除司机视觉疲劳、净化环境、减少交通事故等作用，可分为高速公路绿化带、城市绿化带和人行道绿化带等。绿化带常见的两种形式为以绿篱为主的绿化带和以草坪为主的绿化带。

② 蒸腾作用

蒸腾作用是水分从活的植物体表面（主要是叶子）以水蒸气状态散失到大气中的过程。与物理学的蒸发过程不同，蒸腾作用是一种复杂的生理过程。蒸腾作用不仅受外界环境条件的影响，而且还受植物本身的调节和控制。

③ 卡

卡是卡路里的简称，它是一个能量单位，人们常常将其与食品联系在一起，但实际上它适用于含有能量的任何东西。明确地说，1卡路里的能量或热量可将1克水的温度升高1℃。

23 天然净化器

▲ 柳杉可以吸收二氧化硫

林木不仅能美化人们的生活环境，而且能吸收毒物，净化大气，是天然的“净化器”。

树木可吸收二氧化硫、氟化氢、二氧化氮及氨等多种有毒物质。虽然各种树木吸收毒物的能力不同，但绝大多数都具有这种净化作用。

所有的树木都可以吸收一定量的二氧化硫。二氧化硫被吸收后，可以形成亚硫酸盐，然后再氧化成硫酸盐，使树体内含硫量逐渐增高，最高时可达到正常含量的5～10倍。

树木为什么能吸收二氧化硫呢？原来硫是树木体内氨基酸、蛋白质的组成成分，也是树木所需要的营养元素之一。只要大气中二氧化硫的浓度在一定限度内，也就是树木吸收二氧化硫的速度不超过将亚硫酸盐转化为硫酸盐的速度，树木就能不断地吸收大气中的二氧化

硫。1万平方米的柳杉，每年可吸收720千克的二氧化硫。

不同树种吸收二氧化硫的能力不同。一般认为阔叶树要比针叶树吸收二氧化硫的能力强。在一般条件下，松树林每天可从1立方米空气中吸收20毫克二氧化硫。油松每平方米叶面每小时吸收28毫克二氧化硫。1万平方米的垂柳林在生长季节，每月可吸收10千克二氧化硫。

①二氧化硫

二氧化硫是无色、有刺激性气味的有毒气体，易液化，易溶于水，是最常见的硫氧化物，也是大气中的主要污染物之一。二氧化硫溶于水会形成亚硫酸，故二氧化硫是形成酸雨的主要原因。火山爆发和许多工业生产过程都会产生二氧化硫。

②硫酸

硫酸是基本化学工业中的重要产品之一，是一种无色无味的油状液体，高沸点，难挥发。硫酸易溶于水，能以任意比与水混溶。浓硫酸溶解时会放出大量的热。若将水倒入浓硫酸中，温度将达到173℃，会导致酸液飞溅，造成安全隐患。

③柳杉

柳杉属乔木，树皮红棕色，纤维状，裂成长条片脱落；大枝近轮生，平展或斜展；小枝细长，常下垂，绿色；枝条中部的叶较长，常向两端逐渐变短。柳杉为中国特有树种，分布于长江流域以南至广东、广西、云南、贵州、四川等地。

24 净化防污染

树木对空气中的氟化氢有一定的吸收能力。大气中氟化氢含量较高。实验表明，氟化氢气体通过40米宽的林地时，平均浓度会降低47.9%，林地越宽效果越好。因此，在有氟化氢排放的工厂附近栽植树林，有利于消除这一地区氟化氢的污染。

树木对二氧化氮气体的吸收能力较强。当二氧化氮气体和树木茎叶中的水分发生作用后，可生成亚硝酸和硝酸盐混合物而被利用。氨气也可同样被树木吸收利用。只要空气中的二氧化氮含量不超过限度就不至于对树木造成危害，并能不断地被树木吸收。

树木对氯化物也有吸收作用。一般1万平方米的刺槐林能吸收42千克氯化物，银桦林可吸收35千克，蓝桉能吸收32.5千克。此外，树木还能吸收铅、汞、臭氧以及醛、酮、醇、醚、安息香吡啉等毒气。有些树木还能吸收一定数量的锌、铜、镉等重金属气体。

树种不同，抗性也不同，一般常绿阔叶树比落叶松的抗污染性强。所以在工厂区、污染严重的地区，应多栽植常绿阔叶树种，这对防止污染、净化空气是很有好处的。栽植时，应把抗性强的树种配置在林带的迎风面。

① 氟化氢

氟化氢是一种具有极强腐蚀性的无色气体，有剧毒，在空气中

只要超过百万分之三就会产生刺激的味道。氟化氢气体应储存于钢瓶内。使用时应注意安全，其气体或无水液体会造成疼痛难忍的深度皮肤灼伤。

②臭氧

臭氧和氧气是同胞兄弟，都是氧元素的同素异形体。臭氧是一种浅蓝色、微具腥臭味的气体。温度在−119℃时，臭氧液化成深蓝色的液体；温度为−192.7℃时，臭氧固化为深紫色晶体。臭氧具有不稳定性和强烈的氧化性。随着温度的升高，臭氧分子的不稳定性增加，分解加速。

③重金属

重金属是指比重大于5的金属。空气、泥土、饮用水中都含有重金属。重金属在人体中累积到一定程度，就会引起头痛、头晕、失眠、健忘、神经错乱、关节疼痛、结石等病症，尤其对消化系统、泌尿系统破坏严重。

▲ 刺槐对氯化物有吸收作用

25 天然除尘器（一）

▲ 草地可以减少空中扬尘

自然界中许多绿色植物具有十分明显的除尘作用。它们的存在使大气中粉尘的浓度大为降低，被人们称之为天然的“除尘器”。

植物对粉尘有过滤和阻挡作用，可使大颗粒的粉尘就近快速沉降。树木、花草、农作物等高低错落，枝叶茂密，能够减低风速，从而使大颗粒粉尘降落下来，不再随风向远处或高处扩散，起到部分除尘作用。

植物的茎叶表面粗糙不平且多绒毛，有些植物还能分泌油脂和浆液，对空气中的飘尘或粒径更小的微粒起着滞留和吸附作用。它们可

尽情地捕捉来访的各种粉尘，而且胃口很大。据研究，1万平方米的森林每年可吸尘达68吨之多。

由于蒸腾作用，植物周围的空气中水分较多，比别处潮湿，有利于粉尘的相互结合，而重新结合的粉尘借助重力沉降于地面，这样植物就起到了除去空气中部分粉尘微粒的作用。

植物覆盖着地面，使风不能扬起尘土，减少了空气中尘埃的含量，从而起到预防大气粉尘污染的作用，而草地防止粉尘污染的作用尤其显著，因此城市加强绿地建设是很有好处的。

① 粉尘

粉尘是指悬浮在空气中的固体微粒。大气中过多的粉尘将对环境产生灾难性的影响。不过，大气中存在的粉尘也起着保持地球温度的作用，如果空中没有粉尘，水分再大也无法凝结成水滴，不能形成降水。根据大气中粉尘微粒的大小可分为飘尘、降尘和总悬浮颗粒。

② 扩散

扩散是指物质分子从高浓度区域向低浓度区域转移直到均匀分布的现象。扩散可以分为很多不同的种类，其需要和状态也不相同。有些扩散需要介质，而有些则需要能量，因此不能将不同种类的扩散一概而论。扩散主要分为生物学扩散、化学扩散、物理学扩散等。

③ 吸附

吸附是当流体与多孔固体接触时，流体中某一组分或多个组分在固体表面产生积蓄的现象。在固体表面积蓄的组分称为吸附物或吸附质，多孔固体称为吸附剂。吸附作用是催化、脱色、脱臭、防毒等工业应用中必不可少的单元操作，可分为物理吸附和化学吸附。

26 天然除尘器（二）

植物的除尘作用可通过自然力得到再生。落满灰尘的植物茎叶随风摆动时，由于茎叶的水汽和浆液作用而黏结在一起的粉尘就可随风借重力沉降到地面。森林是植物的大本营，其除尘能力很强。当带有粉尘的气流通过森林或林带时，浓密的树冠和茂密的枝叶减低了风速，使空气中的大部分灰尘纷纷落下，空气中的含尘量大大减少。一场雨水之后，叶片上的灰尘被淋洗到地面，树叶又恢复了滞尘能力，从而可不断地对空气进行除尘。

所有的树木都有吸尘作用，但是吸尘的效率因树种、种植密度、树木年龄、树木高低以及季节不同而异。一般说来，阔叶树比针叶树吸尘能力强。如1万平方米云杉林每年可吸尘32吨，松树林可吸尘36吨，山毛榉林可吸尘达68吨。榆树树干挺拔，树冠宽大，据测定，它的叶片滞尘量为每平方米12.27克。

在城市里，工厂排放和街道扬起的大量尘埃、油烟、炭粒和铅汞微粒等可进入人们的呼吸道，引起气管炎、支气管炎、矽肺和肺结核等疾病，所以城市应该加强绿化，多种植树木。

① 重力

地球表面附近物体所受到的地球引力就叫作重力。重力是万有引力的一个分力，其方向不一定是指向地心，但总是竖直向下。生活中

我们称物体所受重力的大小为物重，重力的单位是牛，1牛大约是拿起两个鸡蛋的力。

▲ 空气粉尘污染

②支气管炎

支气管炎是指气管、支气管黏膜及其周围组织的慢性非特异性炎症，分为急性支气管炎、慢性支气管炎和毛细支气管炎。发病原因主要为病毒和细菌的重复感染，临床上以长期咳嗽、咳痰或伴有喘息及反复发作为特征。

③肺结核

肺结核是严重威胁人类健康的疾病，是由结核分枝杆菌引发的肺部感染性疾病。结核病的传染源主要是痰涂片或培养阳性的肺结核患者，其中尤以涂阳肺结核的传染性最强，会通过呼吸道传染。糖尿病、肿瘤患者和器官移植、长期使用免疫抑制药物或者皮质激素者易伴发结核病。

27 保护野生植物

▲ 野生植物

地球上丰富的生物是大自然赋予人类的宝贵财富。人类现在只利用了大自然基因库中很小的一部分，即使这样，却也受益匪浅。野生植物是这个基因库中非常重要的一部分，没有它们，可以说人类将无法生存和发展。

我们吃的食物，如大米、小米、高粱、大豆等，都是经过人类千百年来的驯化、筛选、培育的成果，它们比野生近亲植物的产量要高得多。但是，任何一种优质高产作物，在经过几年至几十年的自我繁殖后，它的丰产性、抗病性就会自行下降。面对这种情况该怎么解决呢？只能在调整遗传结构上做文章，需要不断地通过杂交从野生近亲中吸取新的基因，摒弃较差的基因性状，保持或提高优良性状。

美国和加拿大是世界上两个主要农业出口国，粮食产量很高，

而且粮食中的营养成分含量很丰富。这是为什么呢？原因就在于他们经常从野生植物那里获得新的基因来改良作物品种。例如小麦，他们引进野生近亲植株，将野生小麦的基因与现有的驯化小麦基因结合起来，培养出新的小麦品种，既提高产量，获得丰收，又改变小麦性状，增加营养成分。

① 大米

大米是稻谷经清理、砻谷、碾米、成品整理等工序制成的成品。大米味甘性平，具有健脾养胃、益精强志、聪耳明目的功效，被誉为“五谷之首”，是中国的主要粮食作物，约占粮食作物栽培面积的1/4。

② 出口

出口指向非居民提供他们所需的产品和服务，目的是扩大生产规模、延长产品的生命周期。出口与进口相对应，是指将国内的货物或技术输出到国外的贸易行为。

③ 小麦

小麦是小麦属植物的统称，是一种在世界各地广泛种植的禾本科植物，起源于中东地区，在世界上总产量仅次于玉米。小麦的颖果是人类的主食之一，磨成面粉后可制作面包、馒头、饼干、蛋糕等食物，发酵后可制成啤酒、酒精、伏特加或生质燃料。

28 保护"活化石"植物

3亿年以前，裸子植物已经出现在地球上，到2亿年以前，裸子植物空前繁盛。然而，到了3000万年前，地球进入了特别寒冷的冰川时期，气温大幅度下降。在这样严酷的环境下，裸子植物类群中，多数种类由于不能适应气候的变化而逐渐消失了，还有些由于地壳运动被埋在地下成为化石。中国的山脉大部分为东西走向，阻隔了寒冷气流的南下，因此保存了许多冰川时期的裸子植物。我们把这些在其他地方已灭绝，而在中国侥幸生存下来的裸子植物称为"活化石"。这些"活化石"为科学研究提供了宝贵的资料。中国被称为"活化石"的植物有很多，如银杏、冷杉、银杉、云杉、金钱松、红豆杉等裸子植物。

▲ 活化石银杏

银杏由于生长缓慢，结果很迟，有"公公种树，孙子收果"的说法，所以被称为公孙树。又由于银杏的种皮为白

色，所以又名白果。银杉被誉为“植物中的大熊猫”，是稀世之宝。红豆杉，叶条形，叶腹面中脉凹陷，是很好的建材和观赏植物。

这些“活化石”是地球环境剧烈变化过程中，侥幸保存下来的宝贵的生物多样性资源，希望人们好好保护。

①化石

化石是存留在岩石中的古生物遗体或遗迹，最常见的是骸骨和贝壳等。化石分为实体化石、遗迹化石、模铸化石、化学化石、分子化石等不同的保存类型。研究化石可以了解生物的演化并能帮助确定地层的年代。

②冰川

冰川，又称冰河，是指大量冰块堆积形成如同河川的地理景观，在世界两极和两极至赤道带的高山均有分布。按照冰川的规模和形态可分为大陆冰川和山岳冰川（又称高山冰川）。地球上陆地面积的1/10被冰川所覆盖，而4/5的淡水资源储存于冰川之中。

③地壳

地壳是地球固体地表构造的最外圈层。整个地壳平均厚度约17千米，其中大陆地壳厚度平均约为35千米。高山、高原地区地壳更厚，最高可达70千米；平原、盆地地壳相对较薄。大洋地壳则远比大陆地壳薄，厚度只有几千米。

29 动物

生物界中的一大类——动物，与微生物、植物相对，一般无法将无机物合成有机物，只可以有机物为食料，因此具有与植物不同的生理功能和形态结构以进行摄食、消化、吸收、呼吸、循环、排泄、感觉、运动和繁殖等生命活动。相对于作为生产者的绿色植物，动物是自然界中的消费者。

消费者是指以生产者生产的有机物为食物的各种动物。它们是异养动物。按照食性的不同，可分为草食动物和肉食动物。草食动物是以植物为直接食物的动物，如牛、马、羊、食草昆虫和大量啮齿类动物。它们是初级消费者。肉食动物是以动物为主食的动物。其中以草食动物为食物的动物称为二级消费者，如青蛙、鸟类等；以肉食动物为食物的动物称为三级消费者，如狼、狐狸等；虎、狮子等猛兽以三级消费者为食，称为四级消费者。有些动物食性并无固定，如某些鸟，它们既吃昆虫又吃粮食，属杂食动物。我们人类也属于杂食动物。

自然界中的动物种类繁多，主要包括原生动物、腔肠动物、海绵动物、扁形动物、环节动物、棘皮动物、线形动物、节肢动物、软体动物和脊索动物等，有130万种之多。人类也属于动物，而且是高级动物。

①消化系统

消化系统是由消化管和消化腺两大部分组成的，基本生理功能是摄取、转运、消化食物和吸收营养、排泄废物。这些生理过程的完成有赖于整个胃肠道协调活动。机械性消化和化学性消化两种功能同时进行，共同完成消化过程。

②啮齿动物

啮齿动物是哺乳动物中种类最多的一个类群，也是分布范围最广的哺乳动物，全世界大约有2000种。除少数种类以外，一般体型均较小，数量多，繁殖快，适应力强，能生活在多种环境中，其中大多数种类为穴居。

③原生动物

原生动物是动物界中最低等的一类真核单细胞动物，个体由单个细胞组成。原生动物形体微小，最小的只有2～3微米，一般在10～200微米之间，除海洋有孔虫个别种类可达10厘米外，最大的约2毫米。原生动物一般以有性和无性两种世代相互交替的方法进行繁殖。

▲ 狼是肉食动物

30 哺乳动物

所谓哺乳动物，是指脊椎动物中一类用肺呼吸空气的温血动物，由于其可以通过乳腺分泌乳汁来给幼体哺乳而得名。在动物发展史上，哺乳动物是最高级的阶段，更是与人类关系最为紧密的一个种类群体，人类便是一种高级的哺乳动物。

哺乳动物初登大自然的历史舞台，是在侏罗纪晚期。在中国发现的吴氏巨颅兽化石证明最早的哺乳动物生活在2亿年前的侏罗纪。而哺乳动物最显著的特征便是哺乳和胎生。在母体里孕育胚胎，胎儿直接由母体产出。母体都有乳腺，可以分泌乳汁来哺育胎儿。无论雌雄，

▲ 海洋哺乳动物鲸鱼

哺乳动物都具有乳腺，其中具有高度发达乳腺的是雌性哺乳动物。这一特征是辨别雄性和雌性哺乳动物的主要依据之一，另外还可以根据毛发、汗腺、脑部新皮质以及中耳听小骨来区别。

哺乳动物用肺呼吸，其躯体一般可分为头、颈、躯干、四肢和尾五个部分。它的智力和感觉能力都较其他动物更进一步，它可以保持恒温，而且繁殖的效率也很高。哺乳动物中的大多数都拥有适应其生存条件的牙齿，故获取及处理食物的能力也相对较强。

① 呼吸系统

呼吸系统是机体和外界进行气体交换的器官的总称，是由呼吸道（鼻腔、咽、喉、气管、支气管）和肺所组成的。其主要功能是与外界进行气体交换，呼出二氧化碳，吸进新鲜氧气，完成气体的吐故纳新。

② 乳汁

乳汁是由乳腺分泌出的白色或略带黄色的液体，含有各种不同比例的脂肪、蛋白质、糖和无机盐。我们平常喝的牛奶就是牛的乳汁。根据乳汁成分特色可分为三个阶段：分娩后5天内分泌的乳汁叫初乳；5～10天内分泌的乳汁叫作过渡乳；10天后分泌的乳汁叫成熟乳。

③ 汗腺

汗腺是哺乳类动物皮肤腺的一种，是皮肤的附属器官，分为大汗腺和小汗腺两种。一般哺乳动物的汗腺，大部分为离出分泌型，仅趾头是漏出分泌型。与此相反，人体大部分为漏出分泌型，仅腋窝、外耳道、鼻翼、眼睑、乳头周围（乳轮）、肛门周围等极少数部位具有离出分泌型汗腺。

31 生物生存空间丧失

人总得有个家，其他生物也是如此，它们也要有自己生长、繁殖、藏身的地方，这就是它们的栖息地。古人云："川渊者，龙鱼之居也；山林者，鸟兽之居也"。"川渊深而鱼鳖归之，山林茂而禽兽归之"。意思是说，河湖水泽是鱼鳖居住之所，水深到一定程度，鱼鳖才会来。山林是鸟兽的居所，山林茂盛，鸟兽才会去栖息。这说明任何生物都得有相应的栖息地才能够生存。如果栖息地的条件恶化，生物就会无家可归，甚至走上灭绝之路。但是，生活在地球上的某些人，似乎忘记了这些基本的常识，对森林进行大面积的采伐、垦殖，对草原、湖泊、海洋实行开垦和围垦，不科学地修筑水道、堵塞水道，任意排放有毒废物等，使无数野生生物的居住环境恶化，无家可归，逐渐走上灭绝的道路。

▲ 长臂猿

森林是野生生物的大本

营。森林面积的日益缩小，不仅使植物大量减少，而且使许多林栖动物无处藏身，面临绝境。曾经广泛分布的灵长类动物，现已成为珍稀动物。栖息于中国海南岛的长臂猿，是一级保护动物，20世纪50年代海南岛有2000多只。长臂猿臂比腿长，绝大部分时间生活在树上，离开了森林，它几乎寸步难行。几十年来，由于毁林开荒，海南岛森林面积不断减少，使长臂猿的活动范围越来越小，加上一些人的乱捕滥猎，现在幸存的长臂猿已寥寥无几了。

① 围海造田

围海造田又称围涂，是指在海滩和浅滩上建造围堤阻隔海水，并排干围区积水使之成为陆地。围海造田的方式有两种：在岸线以外的滩涂上直接筑堤围涂；对入海港湾内部的滩涂，有时先在港湾口门上筑堤堵港，然后再在滩涂上筑堤围涂。

② 灵长类

灵长类是哺乳纲的一个目，目前是动物界最高等的类群，包括原猴亚目、简鼻亚目和猿猴亚目，主要分布于世界上的温暖地区。其中体型最大的是大猩猩，体重可达275千克，最小的是侏狨，体重只有70克。人类属于灵长目动物。

③ 海南岛

海南岛为中国省级行政区海南省的主岛，位于中国雷州半岛的南部。海南岛风景优美，有东寨红树林、尖峰岭、东郊椰树林、东山岭、猕猴岛、亚龙湾、天涯海角等著名景点。

32 生物正走向毁灭

▲ 濒危动物东北虎

草原的不断开垦，也使许多野生动植物遭受灭顶之灾。曾经生活在中国新疆北部荒漠草原上的大群高鼻羚羊，随着大面积草原辟为农田，种群数量迅速减少，到20世纪70年代中期已不见踪迹。此外，湿地和水生环境也是许多物种生存的主要环境，而这类环境的减少和破坏也给这些生物的生存带来了威胁。如今，亚洲湿地的60%和美国湿地的56%均已被破坏。

据统计，世界上现有两栖类动物2800余种，爬行类5700余种，鱼类3万种，鸟类8590种，兽类4237种，基本灭绝和将要灭绝的共有1000余种，其中有67%是因为栖息地丧失或污染而濒危的。世界上高等植物物种约25万种，已灭绝或濒危的达2.5万种，其中70%～90%是因热带雨林环境的破坏而灭绝或濒危的。在热带雨林地区，一些稀有植物和独有植物的整个群落正在

走向毁灭。植物群落的毁灭又会引起一系列连锁反应，使依赖于这些植物群落生活的动物食无所觅，住无所栖，随之走向绝境，进而给人类的生存和发展带来巨大影响。

物种一旦灭绝就意味着永远消失，再也无法挽回，如不采取有力措施，将会造成巨大的无可挽回的损失，而保护野生物种的首要条件是保护它们的栖息地。为此，人们应当觉悟，不要再去做自毁家园的蠢事，给野生动植物留下一点儿生息之地。

①湿地

湿地狭义上指陆地与水域之间的过渡地带，广义上则“包括沼泽、滩涂、低潮时水深不超过6米的浅海区、河流、湖泊、水库、稻田等”。由于湿地和水域、陆地之间没有明显边界，加上不同学科对湿地的研究重点不同，湿地的定义一直存在分歧。

②羚羊

羚羊是对一类偶蹄目牛科动物的统称，许多被称为羚羊的动物与人们印象中的相去甚远。有专家指出，羚羊类动物共有86种。羚羊是草食动物，体型优美轻捷，四肢细长，蹄小而尖，机警非常。

③两栖动物

两栖动物是最原始的陆生脊椎动物，既有适应陆地生活的新的性状，又有从鱼类祖先那里继承下来的适应水生生活的性状。多数两栖动物需要在水中产卵，发育过程中有变态，幼体接近于鱼类，而成体可以在陆地生活，但是有些两栖动物进行胎生或卵胎生，不需要产卵。

33 疯狂捕杀酿恶果

野生动物是十分宝贵的自然资源，它曾是人类的主要食物来源之一。自从农业和畜牧业发展以来，人类对野生动物的依赖性大大下降，但迄今为止，有一部分人仍以渔猎为生存手段。

野生动物除能为人类提供肉类外，它还是药材和毛皮的来源。虎骨、犀角、麝香、甲片等都是重要的动物性药材，野生动物的毛皮更是人类衣着的珍贵原料。正是由于野生动物有很高的经济价值，所以遭到了大量的猎杀，许多动物正在迅速走向灭绝。

长期以来，出于商业目的，人类毫无顾忌地捕杀各种野生动物，尤其是野生动物的国际走私和贸易所带来的高额利润，更导致一些利欲熏心的人争相采猎，乱捕滥杀，从而加快了物种灭绝。据统计，全球范围内每年野生生物及其制品的贸易额至少在50亿美元以上。为了得到价格昂贵的象牙、麝香、犀牛角等，有人不惜铤而走险，大肆偷猎，使得人类竭尽全力保护这些濒危动物的努力难以奏效。

据报道，野生动物及其制品的价格飞涨，大大刺激了非洲偷猎和走私活动。象牙在国际市场上贵如黄金，因而在乱捕滥杀野生动物的浪潮中，非洲象首遭其害。非洲大象的数目1979年时有130万头，到1989年时只剩下不足63万头，仅在1983年一年就有8万头大象遭到猎捕。

①走私

走私是指违反海关法和国家其他有关法律、法规，逃避海关监管，非法运输、携带、邮寄国家禁止进出境的物品、国家限制进出境或者依法应当缴纳关税和其他进口环节代征税的物品进出境，数额较大、情节严重的犯罪行为。

②麝香

麝香是雄麝的肚脐和生殖器之间的腺囊的分泌物，干燥后呈颗粒状或块状，有特殊的香气，味苦，可以制成香料，也可以入药。麝香为贵重药材，也是高级香料，故有一些人为了利益大量捕杀雄麝。

③象牙

广义上，象牙指猛犸象、河马、野猪、海象等动物的獠牙或骨头；狭义上是指雄性的象的獠牙。象牙是一种非常昂贵的原材料，往往被加工成艺术品、首饰或珠宝。此外，它还可被加工成台球和钢琴键等。

▲ 非洲大象

34 野牛的厄运

▲ 野牛

越是经济价值高的动物，命运就越悲惨。北美野牛是一种大型野生观赏动物，又是一种无与伦比的商品肉资源。这种野牛肉营养丰富，蛋白质含量高，胆固醇含量低，深受人们欢迎。正是由于野牛肉具有这些优点，野牛交上了厄运。在200年前，北美洲的野牛大约有6000万头，由于人们用猎枪、陷阱等方法大规模地捕杀，野牛数量急剧减少，仅1871年野牛就被屠杀了850万头。到1889年，美洲野牛就剩下150头了，最后一头野生的美洲野牛也于1894年在科罗拉多被射杀，从此这一大型哺乳动物从自然界消失了。白令海峡的大海牛于1741年

才首次被动物学家发现，但在人们疯狂的捕杀下，前后仅30年时间，大海牛就被斩尽杀绝了。

非洲之宝犀牛也是一种经济价值较高的野生动物，一只犀牛角的价格比许多非洲人全年的收入还高，如制成药材或装饰品出售，其利润更是高得惊人。据调查，1960年时非洲犀牛存活有10万头左右，到1980年便剩下1.5万头，如今已濒临灭绝了。

类似的例子还有很多，举不胜举。可以看出正是人类不负责任地疯狂捕杀，许多野生动物物种从地球上永远消失了。据统计，近2000年来，兽类中的110多种已从地球上灭绝，其中大部分是人类捕杀所致。

① 蛋白质

蛋白质是生命的物质基础，占人体重量的16%～20%，机体中的每一个细胞和所有重要组成部分都有蛋白质参与，没有蛋白质就没有生命。人体内蛋白质的种类很多，性质、功能各异，但都是由20多种氨基酸按不同比例组合而成的，并在体内不断进行代谢与更新。

② 胆固醇

胆固醇又称胆甾醇，广泛存在于动物体内，尤以脑及神经组织中最为丰富，在肾、脾、皮肤、肝和胆汁中含量也较高。它是动物组织细胞所不可缺少的重要物质，它不仅参与形成细胞膜，而且是合成胆汁酸、维生素D以及甾体激素的原料。

③ 海峡

海峡通常位于两个大陆或大陆与邻近的沿岸岛屿以及岛屿与岛屿之间，一般深度较大，水流较急。海峡在军事及航运上有重要意义，自古以来都是兵家必争之地。按其同沿岸国家的关系可分为内海海峡、领海海峡和非领海海峡。

35 陆生脊椎动物

最原始的陆生脊椎动物是两栖动物，它既有可适应陆地生活的新的性状，又有从鱼类祖先那里继承下来的适应水生生活的性状。最早的两栖类动物是鱼石螈和棘鱼石螈，它们出现于古生代泥盆纪晚期。相较于完善的陆生动物，它们还未能很好地适应陆地生活。从尚未退化的尾鳍来看，这一类两栖动物拥有较多的鱼类特征。现代的两栖动物种类并不少，有4000多种，分布也比较广泛。

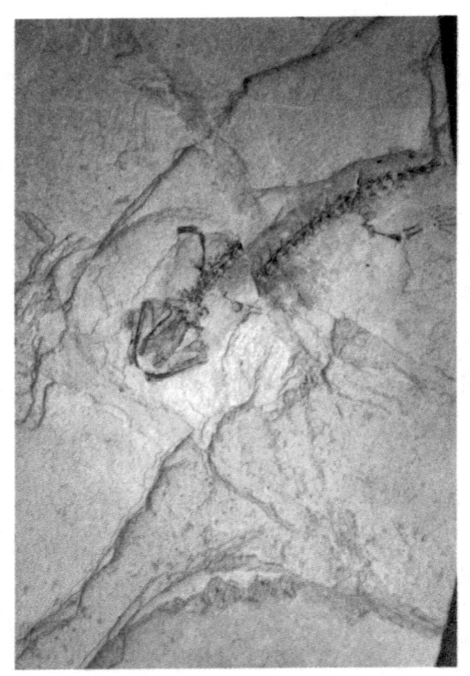
▲ 两栖动物化石

大多数的两栖动物生活在陆地上，用肺呼吸，但仍有少数种类生活在水中。不过，多数两栖动物是需要在水中产卵的，幼体生活在水中，用鳃呼吸，发育过程中的变态发育则是两栖动物不同于哺乳动物的一大特征。幼体在发育过程中，形态会发生很大的变化，通常先长出后肢，然后再长出前肢。它们的皮肤裸露，可以分泌黏液，并能辅助呼吸，不

过它们无法维持恒定的体温，是一种变温动物。两栖动物具有五种主要的感觉：味觉、触觉、听觉、视觉和嗅觉，它们能感知红外线、紫外线以及地球的磁场。

①水生生物

水生生物是生活在各类水体中的生物的总称，有的适于在淡水中生活，有的则适于在海水中生活。按功能划分包含自养生物、异养生物和分解者。水生生物种类繁多，有各种微生物、藻类以及水生高等植物、各种无脊椎动物和脊椎动物。

②紫外线

紫外线属于物理学光线的一种，自然界的主要紫外线光源是太阳。紫外线在生活、医疗以及工农业都有广泛的应用。它能使照相底片感光，可用来制作诱杀害虫的黑光灯，能杀菌、消毒、治疗皮肤病等，而且还可以防伪。

③磁场

磁场是自然界中的基本场之一，是一种看不见而又摸不着的特殊物质，它具有波粒的辐射特性。磁体周围存在磁场，磁体间的相互作用就是以磁场作为媒介的。磁场的基本特征是能对其中的运动电荷施加作用力，即通电导体在磁场中受到磁场的作用力。

36 爬行动物

第一批摆脱对水的依赖，真正征服陆地的变温脊椎动物是爬行动物。它们可以适应陆地上各种不同的生活环境，主宰了地球整个生物史中最引人注目的时代，同时也是统治陆地时间最长的动物。爬行动物包括蛇、龟、鳄、蜥蜴以及已经灭绝的恐龙等。

现在已经不再是爬行动物统治的时代，许多爬行动物的种群也已经灭绝，但爬行动物依然是非常繁盛的一族。爬行动物种类繁多，其种数在陆地脊椎动物中位居第二位，仅次于鸟类。大体来说，现有的爬行动物有近8000种。

爬行动物中的大部分都不能产生足够的热量来保持体温，所以被称为变温动物或冷血动物，不过多数生存在天然栖息地的爬行动物，都可将身体内部的体温维持在一个相当狭窄的变化范围内。爬行动物的分布受湿度的影响较小，而受温度的影响较大，这是由于它们的生殖摆脱了对水体的依赖。除南极洲外，现存的爬行动物分布于世界各地，尤以热带、亚热带地区为多，只有少数种类可到达北极圈附近或分布在高山之上。

①恐龙

恐龙是指生活在距今2.35亿年至6500万年的一类爬行动物，它们

支配全球陆地生态系统达1.6亿年之久。一般认为真正意义上的恐龙已经全部灭绝。它们和今天的爬行动物相比，除与鳄鱼有较远的亲缘关系外，与爬行动物主流相差甚远。

▲ 恐龙化石

② 变温动物

变温动物又称冷血动物，是体温随着外界温度改变而改变的动物，如鱼、蛙、蛇、变色龙等。除了鸟类和哺乳类外，所有的动物都是变温动物。它们缺乏维持一定体温的生理功能，不能直接控制自己的体温。

③ 极圈

根据其在地球上的位置，极圈分为南极圈和北极圈。它不仅是地球分带的界限，也是地球上地域划分的界限，南极圈以南的区域为南极，北极圈以北的区域为北极。

37 最古老的脊椎动物

脊椎动物中最古老、最低级的一群是鱼类，是一种用鳃呼吸、以鳍为运动器官、多数披有鳞片和侧线感觉器官的水生变温脊椎动物类群。从淡水的河流、湖泊到咸水的大洋、大海，鱼类几乎栖息于地球上所有的水生环境当中，且终年生活在水中。目前，全世界大概有2.4万种鱼，其中大部分生活在海水里，只有约1/3生活在淡水中。

鱼类是脊椎动物中除圆口纲以外，仅有的终生用鳃呼吸的水生动物，并且除用鳃呼吸外，还有辅助呼吸的器官。所有的鱼都可以很好地适应水里的生活，然而并不是所有在水里生活的动物都是鱼类，比

▲ 鱼属于脊椎动物

如，鲸就是生活在水里的哺乳动物。

鱼类对人类和自然都有着不可取代的作用。鱼类是食物链当中重要的一环，同时具有医学价值，并且鱼肉中富含磷质和动物蛋白质等丰富的营养，可容易地为人体所消化吸收，对人类智力和体力的发展具有重大意义。而且鱼体的其他部分可制成鱼胶、鱼肝油、鱼粉等。有些鱼如热带鱼、金鱼等色彩艳丽，体态多姿，具有较高的观赏价值。

① 鳃

鱼的呼吸器官是鳃。在头部两侧，分别有两块很大的鳃盖，鳃盖里面的空腔叫鳃腔。掀起鳃盖，可以看见在咽喉两侧各有四个鳃，每个鳃又分成两排鳃片，每排鳃片由许多鳃丝排列组成，每根鳃丝的两侧又生出许多细小的鳃小片。

② 鱼肝油

鱼肝油是自鱼类等无毒海鱼肝脏中提炼出的一种脂肪油，常温下呈黄色透明的液体状，稍有鱼腥味。常用于防治夜盲症、角膜软化、佝偻病和骨软化症等，对呼吸道上层黏膜等表皮组织也有保护作用。

③ 海和洋的区分

洋是海洋的中心部分，是海洋的主体。大洋水深一般在3000米以上，约占海洋面积的89%。世界上共有五大洋，即太平洋、印度洋、大西洋、北冰洋和南冰洋。而海是在洋的边缘，是大洋的附属部分。海的深度比较浅，平均在几米到几千米，约占海洋面积的11%。

38 生物的进化

我们知道，两栖动物是第一种呼吸空气的陆生脊椎动物，它们是由之前占主导地位的水生生物通过长期进化而来的。它们作为生物从水生到陆生过渡期的代表，充分展现了生物的进化理论。

生物进化理论是用来解释生物的世代之间存在变异现象的一套理论。它是关于生物从无到有，从简单到复杂，从低级到高级逐步演化过程的学说。随着人们对进化论的不断探索，已产生了以查尔斯·达尔文的演化论为主轴的现代综合进化论，而这一理论也已成为当代生物学的核心思想之一。

在生物进化的过程中，生物体的生理功能总是趋向于越来越复杂，越来越专门化，同时遗传基因也存在逐步增加的趋势。随着外界环境的不断丰富，生物对环境的分析能力和反应方式都得到不断的发展，从而对环境的适应能力越来越强。

在曲折的生物进化的道路上，存在着各种复杂的情况，生物除了进步性的发展外，还有特化和退化现象发生。生物进化理论的研究对于人类甚至整个生物界来说，是重要也是必要的。

① 达尔文

查尔斯·罗伯特·达尔文是英国生物学家，进化论的奠基人。他

曾以博物学家的身份，参加了英国派遣的环球航行，做了五年的科学考察，经过综合探讨，形成了生物进化的概念。1859年出版了《物种起源说》，提出了生物进化论。

②特化

特化是由一般到特殊的生物进化方式，指物种为适应某一独特的生活环境，形成局部器官过于发达的一种特异适应，是分化式进化的特殊情况。由于特化生物类型大大缩小了原有的适应范围，所以当环境发生突然的或较大的变化时，往往导致它们的灭绝，成为进化树中的盲枝。

③退化

退化是生物体在进化过程中某一部分器官变小，构造简化，功能减退甚至完全消失的现象，也即生物物种因发生变异而使原有遗传性状发生对其自身生存或（和）对人类实践应用带来不利影响的改变。

▲ 人类进化图

39 生物进化的方式

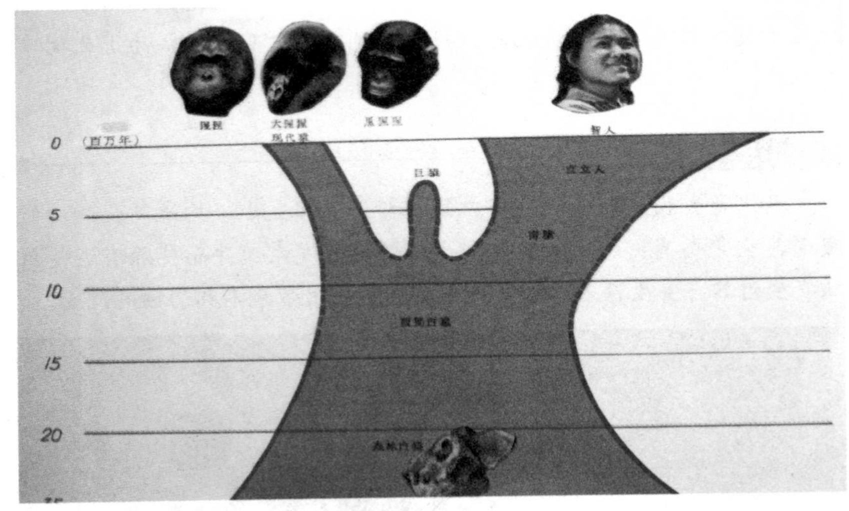

▲ 人猿同祖演化图

生物界中各种类群体的进化并不是单一进行的，而是存在不同的方式。我们称物种的形成为小进化，物类的形成为大进化。对于小进化来说，主要有两种方式：一是渐进式进化，二是爆发式进化。生物的大进化常常是以爆发式的进化来展现的。

达尔文进化论中的一个基本概念就是渐进式进化。自然选择只能通过累积轻微的、连续的、有益的变异而发生作用，所以不能产生巨大的或突然的变化。它只能通过短且慢的步骤发生作用。于是，在生物的生存斗争中，不断积累的对环境的适应性变异，逐渐会发展为相

对显著的变异，从而形成新的物种。

所谓爆发式进化，指的就是寒武纪大爆发。大约在38亿年前，地球上出现了生命，科学家从对化石的研究中发现，在之后的32亿年的时间里，生物似乎并没有产生多大的进化，这期间地球上的生命几乎都是单细胞生物。然而，从寒武纪开始，多种多细胞生物突然出现在地球上，而大大丰富了生物的多样性，于是人们就称这种现象为寒武纪大爆发，也叫寒武纪大爆炸。

① 寒武纪

寒武纪是指距今5.7亿年至5.05亿年古生代初期的一段地质时间，可分为始寒武纪、中寒武纪及后寒武纪。寒武纪时期的动物群以具有坚硬外壳、门类众多的海生无脊椎动物大量出现为特点，是生物史上的一次大发展。

② 单细胞生物

单细胞生物是指生物圈中那些肉眼看不见，身体只有一个细胞的生物。第一个单细胞生物出现在35亿年前。单细胞生物在整个动物界中属最低等、最原始的动物，包括所有古细菌、真细菌和很多原生生物。

③ 多细胞生物

多细胞生物是指由多个分化的细胞组成的生物体，但其生命开始于一个细胞——受精卵，经过细胞分裂和分化，最后发育成成熟个体。大多数可以用肉眼看到的生物都是多细胞生物，植物界和除粘体门外的动物界的所有生物都是多细胞生物。

40 生物的休眠

休眠是动植物在不良的环境条件下，生命活动极度降低，从而进入昏睡的一种状态。等到不良环境过去了，生物体又会重新苏醒过来。这是生物对外界不良环境的自我保护行为。

对于植物来说，休眠指植物的芽或其他器官的生长暂时停顿，仅维持微弱生命活动的时期，可分为两种，即自然休眠和被迫休眠。许多植物的种子成熟后不能即时萌发，即使温度、湿度、氧气等条件都满足也是如此。这种种子就称为休眠种子。

对于动物来说，休眠是指某些动物为了适应环境的变化，生命活动几乎到了停止的状态。变温动物和恒温动物都具有休眠现象，但是两者的机制却截然不同。前者是由于不具备调节体温的能力，随着环境温度的变化，它们的体温也跟着变化。当环境条件不适于生理活动时，变温动物则被动地处于麻痹状态而进入休眠，环境条件再次恢复正常之前不会出眠。然而，恒温动物的休眠则是对环境的一种积极主动的适应，是为了完善体温调节能力。

昆虫也具有休眠现象，通过休眠越冬的昆虫耐寒力一般都较差，如甜菜夜蛾以蛹越冬、东亚飞蝗以卵越冬等都属于休眠性越冬。

① 器官

器官是动物或植物由不同的细胞和组织构成的结构（如心、肾、叶、花等），用来完成某些特定功能，并与其他分担共同功能的结构一起组成各个系统。植物的器官比较简单，动物的器官则十分复杂。大部分的藻类植物根本没有器官的分化，一些单细胞藻类仅仅只是一个细胞而已，连组织都谈不上。

▲ 休眠中的刺猬

② 麻痹

麻痹是身体某部分的感觉或运动功能部分丧失或完全丧失的现象。具体来说，广义的麻痹是指机体的细胞、组织和器官的功能衰退，对刺激不发生反应的状态。狭义的麻痹是指神经系统，特别是运动神经系统的功能衰退。

③ 蛹

蛹是完全变态的昆虫（如蚕、苍蝇、蝴蝶）由幼虫转变为成虫的过程中所必须经过的一个静止虫态。处于蛹发育阶段时，虫体不吃不动，但体内却在发生变化：原来幼虫的一些组织和器官被破坏，新的成虫的组织器官逐渐形成。

41 生物入侵

生物入侵是指某种生物从外地自然传入或人为引种后成为野生状态，并对本地生态系统造成一定危害的现象。入侵的微生物主要是指除人类和家畜疾病外，对林木、农作物及经济鱼、虾类等带来危害的病原微生物。入侵的植物主要是指在海洋、农业、湿地、林业、淡水、草原等不同生态系统中带来威胁与危害的有害植物，如灌木、藤本、草本、藻类等植物以及部分具有明显危害性的乔木。入侵的动物主要是指给农、林、牧、渔业生产带来危害的有害鱼、螨、昆虫、两栖爬行类等。

任何生物物种，总是先形成于某一特定地点，之后通过迁移或引

▲ 小龙虾属于外来入侵物种

入，逐渐适应迁移地或引入地的自然生存环境并逐渐扩大其生存的范围，这一过程就被称为外来物种的引进。生物入侵与外来物种引进是密切联系在一起的。适当地引入外来物种，可以增加引种地区的生物多样性，也可以使人们的物质生活获得极大的丰富。相反，如果引种不恰当，由于缺乏自然天敌，外来物种会迅速繁殖，并同其他生物抢夺生存空间，这样就会破坏生态平衡，严重的还会导致本地物种的灭绝，甚至危害到一个国家的生态安全。

①淡水

含盐量小于0.5克/升的水属于淡水。地球上淡水总量的68.7%都是以冰川的形态出现的，并且分布在难以利用的高山和南极、北极地区，还有一部分埋藏于深层地下的淡水很难被开发、利用。人们通常饮用的都是淡水，并且对淡水资源的需求量愈来愈大，目前可被直接利用的是湖泊水、河床水和地下水。

②海洋

海洋是地球表面的一种被陆地分割但彼此相通的广大水域，总面积约为3.6亿平方千米，大概占地球表面积的71%，故常常有人将地球称作“水球”。海洋中水的体积约为13.5亿立方千米，占地球上总水量的97%。目前为止，人类已探索的海洋仅有5%，还有95%的海洋等待着人们去探索与开发。

③生态破坏

生态破坏是指人类不合理的开发、利用造成草原、森林等自然生态环境的破坏，从而使人类、动物、植物的生存条件恶化的现象。现今比较严重的生态破坏有：水土流失、土地荒漠化、土地盐碱化、生物多样性减少等。

42 生物入侵的途径

生物入侵要经历传播、定居、生长繁衍几个阶段。一般来说，生物入侵的途径有如下几种：

自然入侵。这种入侵不是人为因素引起的，而是通过水体流动、风媒、鸟类和昆虫的传带，动物卵或幼虫、植物种子、微生物发生自然迁移从而造成生物危害所引起的外来物种入侵。

无意引进。这种引进方式在主观上并不存在引进意图，却是一种人为的引进渠道，是伴随出入境旅游、进出口贸易或海轮在无意间被引入的。如在世界海域里航行的游轮，其数量庞大的压舱水的释放，无意间成为水生生物进入新环境的一种渠道。另外，外来旅客携带的食品，甚至是旅客鞋底，都可能会成为外来生物无意入侵的渠道。

有意引进。世界各国为了林业、渔业和农业的发展需要，往往会有意识地引进一些优良的动植物品种，这成为外来生物入侵的最主要的渠道。但是，在引进优良品种的同时，大量的有害生物也被引了进来。这些物种由于生存环境的改变，在缺乏自然天敌制约的情况下泛滥成灾。世界上大多数的有害生物皆是通过这样的途径而被引入世界各国的。

▲ 游轮压舱水的释放成为生物入侵的一种渠道

① 海域

海域是指包括水上、水下在内的一定海洋区域。在划定领海宽度基线以内的海域为内海；从基线向外延伸一定宽度的海域为领海；从一国领海的外边缘延伸到他国领海为止的海域为公海。

② 压舱水

压舱水是为了保持船舶平衡而专门注入的水。全世界每年约有100亿吨压舱水随着船只在不同港口装卸货物而进行抽取及排放。每日有超过3000种的海洋植物和动物随着压舱水离开原生地，对生态系统构成威胁，可能造成本土物种灭绝，破坏性不可估量。

③ 游轮

游轮又称游船、旅游船，是用于搭载乘客从事旅行、参观、游览活动的各类客运机动船只的统称。20世纪六七十年代以后，随着旅游事业的发展，为观光游览而专门设计建造的游轮越来越多。这些游轮除具备一般客轮的基本功能外，大多提供专门的观景、娱乐设施和服务项目。

43 生物入侵的危害

▲ 美国白蛾幼虫造成农业灾害

外来的有害生物入侵适宜它们生长的新区域后，其种群由于没有自然天敌的限制，会迅速繁殖，并逐渐成为当地新的优势品种，将严重破坏当地的生态平衡。

多种多样的生物是大自然赋予人类的宝贵财富。任何一个地区，在没有刻意的破坏或变故的前提下，是不需要投入相当大的物力、人力去维护该地区的生物多样性的。而外来物种的入侵就是威胁生物多样性的头号敌人。物种被引入新的地区后，由于在新环境中缺少可以制约这些物种的自然天敌，它们的生长、繁殖将无限制地、迅速地发展下去，其后果便是大肆扩张，迅速蔓延，成为优势种群。数量不受

控的外来物种在与当地物种竞争有限的空间资源和食物资源时，会直接导致当地物种的退化，甚至灭绝。

外来物种的入侵，不仅会对自然生物产生威胁和危害，还会因其可能携带的病原微生物而对人类或其他生物的健康构成直接威胁。这些入侵的物种还会给引入地造成一定的经济损失。对于任何一个地区或国家而言，彻底根治成功入侵的外来物种是一件相当困难的事情。实际上，只是用于控制入侵物种的蔓延所需的治理费用就相当庞大。

① 病原微生物

病原微生物又称病原体，是指可以侵犯人体，引起感染甚至传染病的微生物。病原体侵入人体后，人体就是病原体生存的场所，医学上称为病原体的宿主。病原体中，以细菌和病毒的危害性最大。病原微生物包括朊毒体、寄生虫、真菌、细菌、螺旋体、支原体、立克次氏体、衣原体、病毒等。

② 入侵物种影响人体健康

几十年前传入中国的豚草，其花粉导致的“花粉症”会对人体健康造成极大的危害。每到花粉飘散的7—9月，体质过敏者便会出现哮喘、打喷嚏、流鼻涕等症状，甚至由于其他并发症的产生而死亡。

③ 生物入侵造成巨额损失

美国、印度、南非向联合国提交的研究报告显示，这三个国家每年因外来物种入侵造成的经济损失分别为1500亿美元、1300亿美元和800亿美元。而据国际自然资源保护联盟的报告，外来物种在非洲蔓延迅速，已严重破坏了生物多样性。

44 外来入侵物种

据统计，世界上排名前三的侵略性生物是：

西尼罗河病毒。自1999年至今，西尼罗河病毒通过蚊子已经先后感染了美国47个州的鸟、马和人。据美国疾病预防与控制中心的报告显示，在美国仅2003年一年，西尼罗河病毒感染者的确诊人数就已达到了8000多人，更有182人不治身亡。不过统计学的数据表明，人类感染西尼罗河病毒的概率并不是特别高，因为在西尼罗河病毒爆发的大多数地区，只有1%左右的蚊子是携带这种病毒的。

火蚁。火蚁原产于南美洲，是一种异常凶猛的生物，甚至有时候会攻击蜥蜴、青蛙或其他小型哺乳动物。因为偶然的机会，火蚁在20世纪30年代被引入美国。美国到目前为止已有13个州被火蚁入侵。火蚁对儿童来说尤为危险，同时还会破坏公共设施，例如电气系统一类。

葛藤。葛藤原产于亚洲地区，是一种具有惊人繁殖力和蔓延力的豆科藤蔓类植物，能够大面积地覆盖地面和树木。如今，葛藤在美国东部每年以2万～3万平方千米的速度蔓延着，每年造成的经济损失达5亿美元。

① 病毒

病毒是一类个体微小、结构简单、只含单一核酸、必须在活细胞

内寄生并以复制方式增殖的非细胞型微生物。病毒同所有生物一样，具有遗传、变异、进化的能力，并且具有高度的寄生性。

② 蚊子

蚊子是一种具有刺吸式口器的纤小飞虫。通常雌性以血液作为食物，而雄性则吸食植物的汁液。蚊子在世界上分布极广，除南极洲外各大陆皆有分布。蚊子属四害之一。其平均寿命不长，雌性为3～100天，雄性为10～20天。

③ 藤蔓植物

藤蔓植物通常也称为攀缘植物，这一植物的共同点为茎细长，不能直立，但均具有借自身的作用或特殊结构攀附他物向上伸展的攀缘习性。在没有他物可攀附时，则匍匐或垂吊生长。

▲ 火蚁

45 生物入侵的防治

对于生物入侵的防治，不同的国家根据其具体的情况，提出了不同的方法和措施。就中国而言，为防止外来物种的侵害，有关部门做出了如下的努力。

建立统一协调的管理机制。成立包括环保、检疫、林业、农业、贸易、海洋、科研机构等各部门的统一协调管理机构。该机构并不是从部门利益出发，而是以国家利益为主要考虑因素，全面综合地开展针对外来物种的防治工作。

▲ 外来物种水葫芦

完善风险评估制度。要阻止生物入侵，最为关键的一步就是防御。外来物种的风险评估制度就是争取在第一时间、第一地区坚决地将具有较大危害性的生物拒之门外。中国政府规定，由国家质检总局采用定量、定性或两者结合的方法，开展风险评估。此项制度的建立是中国抵御外来物种入侵的一项重大的进步。

建立跟踪监测和综合治理制度。即对某一外来物种进行不断的跟踪监测，一旦发现此种生物是有害或会逐渐变为有害的生物，就要综合运用物理方法、生物方法等，发挥各种治理方法的优势，达到对入侵生物的最佳治理效果。

① 盐杉

盐杉，又名柽柳，是一种寿命极长的灌木类植物，原产于亚洲和欧洲东南部，现在在美国和墨西哥也有分布。这种植物可以在盐分很高的土壤中快速蔓延。由于盐杉的植株大量聚集可以堵塞行洪渠道，因此常常会诱发洪水蔓延。

② 水葫芦

水葫芦主要分布在美国、澳大利亚和中国的一些地区。这种植物大量蔓延会堵塞河道、阻断交通，还会使大量水生生物因缺氧和阳光不足而死亡。虽然这种植物对污染水体有一定的净化作用，但其过快的繁殖速度还是使其成为最具侵略性和危害性的植物之一。

③ 非洲蜜蜂

非洲蜜蜂又被称为“胡蜂”或是“杀人蜂”，它们善于成群结队地攻击人和动物。非洲蜜蜂很容易被激怒，它们会把400米以内的人和动物都认为是挑衅者。它们身体强壮，飞行速度很快，现在正在美国的一些地区快速地蔓延着。

46 鸟是人类的朋友

▲ 益鸟燕子

鸟类是大自然不可缺少的组成部分，是一种十分宝贵的生物资源。它们不仅将大自然点缀得分外美丽，使自然界更有生机，给人们的生活增添无限的情趣，而且还能产生生态效益和经济效益，在保护农田和森林、维持自然生态平衡中起着突出的作用。

地球上有各种各样的鸟儿在空中飞翔，其中大多数是捕食害虫的能手，是人类的朋友。如楼燕、家燕、杜鹃、啄木鸟、椋鸟、山雀、黄鹂、卷尾、戴胜、伯劳等，都以昆虫为食，它们一天吃掉的昆虫，有的竟与自己的体重相当。一对燕子每年育雏两次，一个夏天可吃掉50万～100万只苍蝇、蚊子和蚜虫等。这些昆虫首尾排列起来，足有1千米长。黑卷尾鸟一天能消灭600多只害虫。在育雏期间，它一天往返五六百次，要噙回3000多只害虫。百亩庄稼地或千亩林地，只要有两三对黑卷尾

鸟就能将害虫抑制住。猫头鹰一个夏天就可捕食1000只田鼠，这等于从鼠口夺回至少1000千克粮食。一只麻雀一天吞食的害虫几乎等于它自身的重量。美国波士顿人民为感谢麻雀，专门修建了一座麻雀纪念碑。类似的益鸟捕杀害虫保护庄稼的事情也出现在美国盐湖城。

①啄木鸟

啄木鸟被称为“森林医生”，是著名的森林益鸟。它除消灭树皮下的天牛幼虫等以外，其凿木的痕迹可作为森林卫生采伐的指示剂。在中国分布较广的种类有绿啄木鸟和斑啄木鸟。大多数啄木鸟终生在树林中度过，它们经常在树干上螺旋式地攀缘搜寻害虫。

②苍蝇

苍蝇是具有惊人繁殖力的昆虫，它的一生要经过卵、幼虫、蛹、成虫四个时期，各个时期的形态完全不同。苍蝇属双翅目蝇科动物，据20世纪70年代末的统计，全世界有双翅目昆虫132科12万余种，其中蝇类就有64科3.4万余种。主要蝇种有家蝇、市蝇、丝光绿蝇、大头金蝇等。

③猫头鹰

猫头鹰在除南极洲以外的所有大洲都有分布，大部分为夜行肉食性动物。猫头鹰的视觉敏锐，在漆黑的夜晚，视觉比人高出100倍以上。和其他的鸟不同，猫头鹰的卵是逐个孵化的，产下第一枚卵后便开始孵化。猫头鹰是恒温动物。

47 鸟是田园卫士

有一天蝗虫铺天盖地降临美国盐湖城，无情地吞噬着地里的庄稼、树叶、青草。人们不甘心辛勤培育的庄稼毁于一旦，纷纷晃动农具、挥舞树枝，竭尽全力地驱赶蝗虫，可是无济于事。这时，栖息在盐湖上的海鸥成群结队地飞过来，它们是发现蝗虫后跟踪追击而来的。不久，海鸥风卷残云般地将蝗虫消灭得一干二净。盐湖城人民感激海鸥，立下任何人不得伤害海鸥的禁令，并在城里建造了一座巍峨的海鸥纪念碑。

▲ 外科医生啄木鸟

松毛虫浑身长满毒毛，是森林的大敌。它们猖獗时，可在很短的时间内将成片松林的针叶啃吃一光。但是，只要有一定数量的杜鹃、大山雀、画眉等益鸟，就可有效地控制松毛虫。尤其是杜鹃，把松毛虫视为美味佳肴，一只杜鹃平均每天要吃100多条松毛虫。啄木鸟专吃树干中的小蠹虫、天牛幼虫、木蠹蛾幼虫以及其

他破坏木质部的害虫，一只黑啄木鸟每天可吃掉1900多只蠹虫。据调查，1000亩的森林，有两对啄木鸟就可控制蛀干虫的发生。

鸟不仅是“田园卫士”，还是人类环境的“清洁工”。一些鸟以动物腐肉、秽物为食，在保持环境卫生上起着良好作用。乌鸦和喜鹊都喜欢在污水坑或垃圾堆上活动，原来它们是在消灭疟蚊、虻和苍蝇。

① 盐湖城

盐湖城是美国犹他州的首府和最大城市，它是1847年由杨百翰率领一批耶稣基督后期圣徒教会的信徒在此拓荒所建成的。

② 海鸥

海鸥是一种中等体型的鸥，身长38～44厘米，是最常见的海鸟。海鸥以海滨昆虫、软体动物、甲壳类动物以及耕地里的蠕虫和蛴螬为食，也捕食岸边的小鱼，拾取岸边及船上丢弃的剩饭残羹。

③ 杜鹃

杜鹃常指杜鹃亚科和地鹃亚科的约60种树栖种类，分布于温带和热带地区，在东半球热带种类尤多。杜鹃最为人熟知的特性是孵卵寄生，即产卵于某些种鸟的巢中，靠养父母孵化和育雏。

48 麻雀不是害鸟

多年来，麻雀成为偷吃粮食的“害鸟”，在人们心中留下了深刻印象。1958年，在中国境内掀起了一场消灭四害（麻雀、老鼠、苍蝇、蚊子）的运动。在较长时间内，人们都没有见到麻雀娇小的身影，也听不到麻雀唧唧喳喳的叫声了。

进入20世纪90年代以来，由于部分地区吃麻雀之风盛行，麻雀被大批捕杀、贩卖，再加上农药的大量使用，麻雀数量急剧下降。据不完全统计，每年从山东运往南方的麻雀有几十万只，甚至上百万只。

麻雀是有损害农作物的一面，但它吃的主要是虫子、浆果，还能起到传播花粉的作用。麻雀大量被捕杀，已经严重地影响了生态平衡。其实，麻雀偷吃的粮食远远不如它捕捉的害虫多，它们帮助人类从害虫口中夺回的收成，价值难以估量。麻雀对人类的利远远大于害，因此，麻雀是人类的朋友，不是敌人。由于麻雀遭到大量捕杀，害虫泛滥。人类为了从害虫口中夺食，不得不大量使用农药，又带来了化学污染。消灭麻雀破坏生物链的苦果，将由人类自己承担。其实，不仅是麻雀，还有很多鸟都是人类的朋友。

① 农药

农药是指在农业生产中，为保障、促进植物和农作物的成长所施

用的杀虫、杀菌、杀灭有害动物（或杂草）的一类药物的统称。根据原料来源可分为有机农药、无机农药、植物性农药、微生物农药。

▲ 麻雀

② 浆果

浆果是一种多汁肉质单果，如葡萄、猕猴桃、草莓、无花果、石榴、杨桃、蒲桃、西番莲等。浆果的营养成分因果实不同而异，外果皮为一到数层薄壁细胞，中果皮与内果皮一般难以区分。中果皮、内果皮和胎座均肉质化，含丰富浆汁。

③ 花粉

花粉是种子植物特有的结构，相当于一个小孢子和由它发育的前期雄配子体。植物的花粉各不相同，大多数花粉成熟时分散，成为单粒花粉，但也有两粒以上花粉黏合在一起的，称为复合花粉粒。花粉不仅仅是植物的生命源泉，还具有美容、药用等功效。

49 令人惊叹的鸟巢

鸟类能用各种材料编织成多种多样、精妙绝伦的巢窝，这一点在动物界中是无与伦比的。不管是哪种鸟，营建一个巢都是一件十分浩大而艰巨的“工程”，要付出艰辛的劳动。燕子、麻雀、喜鹊是人们熟悉的“邻居”，它们常在人类住宅的屋檐下、庭院园林的枝头上筑巢。细心的鸟类学家做过精确的记录，一对灰喜鹊在筑巢的四五天内，共衔取巢材666 次，其中枯枝253次，青叶154次，草根123次，牛、羊毛82次，泥团54次。一只美洲金翅雀的鸟巢，干重仅53.2克，但总计竟有753根巢材。

筑巢是鸟类繁殖活动中的一个显著特点。鸟巢在鸟类的生殖和发育中的作用有：

▲ 鸟巢

鸟巢能防止卵滚散和使卵集成团堆状。保持卵呈团堆状，对一次孵卵数较多的鸟类尤为重要。如果全窝卵都保持在亲鸟的身体下面，胚胎就可在亲鸟体温作用下进行发育。

鸟巢利于亲鸟喂养雏鸟和躲避敌害。很多鸟把巢筑在非常隐蔽的地方，再加上伪装，使鸟巢较难被天敌发现。

鸟巢能保持卵和雏鸟发育所需的最适温度。

筑巢行为利于鸟类繁殖行为的进行。鸟巢和鸟类的筑巢活动，对于已经配对的鸟类来说，是刺激它们性生理活动的重要因素。特别是鸟类在开始建巢或在自己窝内时，由视觉和触觉等器官所发出的信号，通过脑的综合，能促进体内雌激素的分泌，从而使体内的卵细胞迅速成熟并且排出，使繁殖行为不至于中断。

①燕窝

燕窝又称燕菜、燕根、燕蔬菜，为雨燕科动物金丝燕及多种同属燕类用唾液与绒羽等混合凝结所筑成的巢窝，形似元宝。金丝燕唾液腺十分发达，能用纯粹的唾液建巢，唾液一遇风吹立即凝结干固，从而筑成半透明的小碗状巢窝。

②最会伪装的巢穴

柳莺是天生的伪装师，它在地表的枯枝落叶层中，以树枝纤维及草茎编织成一个球形巢，再衔取大量苔藓和各种枝叶覆盖在外面，仅露出一个不规则的黑洞以供出入。

③拔毛筑窝的绵凫鸟

在严寒的北极，有一种绵凫鸟。它生育以前，忍着剧痛，从自己身上拔下大量的羽毛来筑窝。它用嘴咬着自己的羽毛，脑袋使劲一甩，便拔下一根，每拔一根便痛得颤抖一下。但在这个松软而温暖的羽毛窝里，再寒冷的气候也休想伤害它的儿女。

50 爱护鸟类人人有责

鸟是人类天然的朋友。鸟类的辛勤劳动保护了庄稼，保护了森林，保护了环境，它们的作用是不可替代的。绝大多数鸟是捕食害虫、害鼠的能手。大自然里如果缺少鸟类，害虫、害鼠等就会泛滥成灾，给人类、环境带来灾难，其后果不堪设想。因此，自然界不能没有鸟类，爱鸟护鸟人人有责。

鸟类曾经有过十分兴盛的年代。在新生代，地球上生存有大约160万种鸟。后来，由于地壳变化和冰川活动，鸟类大量灭绝。到了近代，人类活动更是大大加快了鸟类灭绝的速度。据研究，在人类诞生以前的几千万年里，平均每300年才有一种鸟灭绝；人类诞生以后的近100万年来，一种鸟的灭绝时间只有50年，而在最近300年间，每两年就有一种鸟消失。

据统计，从16世纪以来，已有139种鸟永久地从地球上消失了。19世纪初叶，美洲旅鸽曾一度是地球上数量最多的一种鸟，达50亿只。可是由于19世纪40年代开始的大规模捕杀旅鸽的商业活动，旅鸽遭受灭顶之灾，仅仅几十年时间，这种具有很高经济价值的鸟就再也见不到了。1900年3月，野生旅鸽已绝迹；1914年9月1日，最后一只人工饲养的旅鸽也死于美国辛辛那提动物园。曾经广泛栖息于北太平洋各岛屿上的大海雀，在人们持续狩猎达300年后，也终于在1844年绝灭，留给人们的只有70只大海雀标本。

① 世纪

世纪是计算年代的单位，一百年为一个世纪，这里的一百年，通常是指连续的一百年。当用来计算日子时，世纪通常从可以被100整除的年代或此后一年开始，例如2000年或2001年。不过，以前有人将公元1世纪定为99年，如果按照这种定义的话，2000年则为21世纪的第一年。

② 岛屿

岛屿是指四面环水并在高潮时高于水面的自然形成的陆地区域，由海水环绕而成的岛也称为海岛。全球岛屿总数达5万个以上，总面积约为997万平方千米，约占全球陆地总面积的1/15。

③ 标本

标本是保持实物原样或经过整理，供学习、研究时参考用的动物、植物、矿物；在医学上指用来化验或研究的血液、痰液、粪便、组织切片等。标本大致可分为兽类标本、鸟类标本、鱼类标本、昆虫类标本、植物标本、骨骼标本、虾蟹类标本和化石类标本等。

▲ 爱护鸟类

51 鸟类数量大幅减少

▲ 严禁猎杀鸟类

是什么原因导致鸟类在不断减少呢？

世界上总有一些人喜欢打鸟捕鸟。有些人是为了好玩儿，更多的人是为了牟取暴利。据报道，美国每年通过非法手段进口的鸟类，价值超过35万美元，一只灰鹦鹉的卖价就近1000美元。正是这高额的利润才使那些偷猎者和贩卖者不断地铤而走险。

环境的污染使鸟类难以生存。且不说城市污浊的空气、喧嚣的噪声使鸟儿无法忍受，就是在一些乡村，环境的污染也给鸟类的生存带来了威胁。

森林、沼泽、滩涂等鸟类栖息地的破坏，使许多鸟儿无家可归，

这是鸟类减少的最主要的原因。

现在，全世界大约有鸟类8600种。由于鸟类栖息地的破坏、人类的捕杀和环境污染，鸟类数量大幅减少，约有312种鸟的数量已少于2000只。据报道，如今美洲叫鹤只有70只，加州兀鹫约有40只，毛里求斯茶隼只有24只，新西兰的知更鸟则剩下不足10只了。因此，保护鸟类势在必行。

鸟儿是轻盈的精灵，是大自然中活泼可爱的生命，是保护人类环境的功臣，也是人类亲密的朋友。让我们都来爱鸟护鸟，让更多的鸟儿在蓝天白云中自由飞翔。

①沼泽

沼泽是指长期受积水浸泡，水草茂密的泥泞地区。沼泽地土壤中有机质含量高，较肥沃，且持水性强，透水性弱，通气良好。沼泽地带茂盛的植物中，挺水植物偏多，其中草的高矮由地理气候来决定，荷花则是沼泽湿地的常见植物。

②噪声

噪声一般是指发声体做无规则振动时发出的声音。从环保的角度上来说，凡是影响人们正常的学习、生活、休息等的一切声音，都称之为噪声。当噪声对人及周围环境造成不良影响时，就形成噪声污染。

③鹦鹉

鹦鹉主要是热带、亚热带森林中羽色鲜艳的食果鸟类，是典型的攀禽，对趾型足，两趾向前两趾向后，适合抓握。鹦鹉的喙强劲有力，可以食用坚果。它们以其美丽无比的羽毛、善学人语的技能，广为人们所喜爱。

52 生物的迁徙

迁徙在生物学上指的是鸟类的迁徙。鸟类的迁徙是对周期性变化的环境因素的一种适应性行为，往往沿着一定的路线，结成一定的队形而前进。迁徙的距离从几千米到几万千米不等。现在一般认为候鸟迁徙的主要原因是气候的季节性变化。由于气候的变化，在热带的旱季和北方的冬季，食物短缺的现象经常出现，因而一部分鸟类种群被迫要迁徙到其他食物丰盛的地区。这种行为最终成为鸟类的一种本能。

研究鸟类的这种迁徙行为，了解候鸟的迁徙路线和时间、种群关系、迁徙数量、归巢能力、寿命、存活率、死亡率以及与越冬地、繁殖地环境的关系等生态规律，对利用候鸟保护农林生产、保护珍稀濒危鸟种和计划利用经济候鸟、保障航空安全、防止流行病的传播、维护生态平衡、制定法律等有重大的意义，也会给人类带来巨大的生态效益、社会效益以及经济效益。

迁徙并不是鸟类独有的本能活动，某些哺乳类（如鲸、蝙蝠、鹿、海豹等）、爬行类（如海龟等）、无脊椎动物（如蝴蝶、东亚飞蝗等）、鱼类都有季节性的长距离更换住处的行为。

① 旱季

旱季与雨季相对，是指在一定气候影响下，某一地区每年少雨干

旱的一个月或几个月。水资源稀少的地区，每逢旱季常出现生产、生活用水紧张，甚至饮水困难。由于旱季多高温天气，一些致病微生物生长繁殖较快，如果不注意清洁卫生，很容易发生胃肠道疾病。

② 热带

南北回归线之间的地带为热带，地处赤道两侧。该带太阳高度终年很大，且一年有两次太阳直射的机会。热带全年高温，且变幅很小，只有雨季和干季或相对热季和凉季之分。

③ 蝙蝠

蝙蝠是唯一一类演化出真正有飞翔能力的哺乳动物，遍布全世界，有900多种。蝙蝠是通过喉咙发出超声波，然后依据超声波回应来辨别方向的，有一些种类的面部进化出特殊的增加声呐接收的结构，如鼻叶、脸上多褶皱和复杂的大耳朵。

▲ 鸟类迁徙

53 昆虫

生物界种类最多、数量也最多的群体是昆虫，它们在生物圈中所扮演的角色相当重要。

昆虫适应环境的能力比较强，当所处环境温度太高时，它们会自动去寻找一个潮湿阴凉的地方，反之，它们也会寻找取暖的方法。例如，在阳光下暴露时间过长的昆虫，它们会将自己置身于受热面积最小的位置；而当环境太冷时，昆虫就不会躲避太阳，会留在阳光下取暖。对于昆虫来说，在严寒时，身体结冻是对其最大的威胁，严重的甚至危及生命。在寒冷地区能越冬的种类称为耐寒昆虫。除少数昆虫能忍受体液中出现冰晶，大多数昆虫的耐寒意味着阻止冰冻。所涉及的抗冻作用，一是聚集了大量的甘油作为抗冻剂，二是在血液中发生的物理变化使其温度远在冰点之下而仍不会结冻。

▲ 水生昆虫蜻蜓

昆虫除抗旱机制外，还可以防旱，这一特点体现在它们坚硬的防水蜡以及扩大贮水的机制。而对于水生昆虫来说，它们对环境的适应性体现在呼吸方式上。它们一部分是升到水面上呼吸，一部分是利用身体结构中所具有的气孔吸气，还有的昆虫腹部与鞘翅之间有一个贮气室。

① 生物圈

根据目前的认识，生物圈是指海平面以下深度约11千米（太平洋最深处）到海平面以上十几千米（空气对流层和一小部分平流层）的范围。生物圈通常分为三层，上层是大气圈的一部分，中层是水圈，下层是岩石圈的一部分。这三层构成了地球上生命活动的主要阵地。

② 血液

血液属于结缔组织，即生命系统中的结构层次，是流动在心脏和血管内的不透明红色液体，主要成分为血细胞、血浆。血细胞内有白细胞、红细胞和血小板，血浆内含血浆蛋白（球蛋白、白蛋白、纤维蛋白原）、脂蛋白等各种营养成分以及氧、无机盐、酶、激素、抗体和细胞代谢产物等。

③ 甘油

甘油是无色澄明黏稠液体，无臭，能从空气中吸收潮气。甘油的用途很广，在涂料工业中可用以制取各种醇酸树脂、聚酯树脂、缩水甘油醚和环氧树脂等，在食品工业中可用作甜味剂，在医学方面可用以制取各种制剂、溶剂、吸湿剂、防冻剂等。

54 昆虫的分类

种类繁多的昆虫，当然具有多种多样的生活场所与生活方式，并且其中部分昆虫的生活本能和生活方式的表现很具有研究价值。根据生活场所的不同，昆虫大致可分为以下几类：

在空中生活的昆虫。这些昆虫的成虫寿命比较长，且大多在白天活动，如苍蝇、蜜蜂、蚊子、蝴蝶等。空中活动对于昆虫来说，主要是寻找食物、扩散迁移、求偶婚配以及选择适当的产卵场所。

在地表生活的昆虫。由于昆虫的食物大部分是栖息于地表的，所以在地表活动的昆虫占绝大多数。这类昆虫基本不善于飞行，通常只能跳跃和爬行，个别善飞的种类，其在幼虫期及蛹期也都是在地面生活的。

在土壤中生活的昆虫。这类昆虫最怕光，所以种类中的大多数迁

▲ 蝴蝶属于昆虫

移和活动的能力都比较差，且白天很少在地面活动。对于它们来说，阴雨天或是晚上是最适宜活动的时间。这些昆虫是以植物的根及土壤中的腐殖质为食的，所以它们被称为农业的一大害。

在水中生活的昆虫。这一类昆虫的共同特点是：位于身体两端的气门发达，而体侧的气门退化；种类中的大部分具有多毛而扁平、起划水作用的游泳足。有些昆虫是幼年期生活在水里，有的则是终生生活在水里。

寄生性昆虫。这类昆虫的活动能力比较差，体型比较小。大部分的寄生性昆虫是终生寄生在哺乳动物身体上的。它们有的寄生在体表，如虱子、跳蚤等，多依靠吸血为生；有的寄生在体内，如马胃蝇；还有一些昆虫寄生在其他的昆虫体内。这一类昆虫对人类有益，可用其防治害虫。

①土壤

土壤是指覆盖于地球陆地表面，具有肥力特征的，能够生长绿色植物的疏松物质层。它是由岩石风化而成的矿物质、动植物和微生物残体腐解产生的有机质、土壤生物（固相物质）、水分（液相物质）、空气（气相物质）以及腐殖质等组成的。

②蜜蜂

蜜蜂是一种会飞行的群居昆虫，采食花粉和花蜜并酿造蜂蜜，故被称为资源昆虫。一般雄性寿命短，不承担筑巢、贮存蜂粮和抚育后代的任务。雌蜂营巢，采集花粉和花蜜，并将其贮存于巢室内。

③苗木

苗木是具有根系和苗干的树苗。苗木可分为实生苗、营养繁殖苗、移植苗和留床苗。营养繁殖苗根据所用的育苗材料和具体方法又可分为插条苗、埋条苗、插根苗、根蘖苗、嫁接苗、压条苗、组培苗。

55 昆虫对人类的影响

昆虫对于人类来说，有利也有弊，因而昆虫有害虫和益虫之分。害虫通常都会危害人类的生产、生活，而益虫则是有利于人类生产和生活的。不过，害虫和益虫是相对而言的，害虫有时也会做有益的事情，只是程度上不同罢了。

昆虫在自然生态中扮演着重要角色。它们可帮助细菌等生物分解有机质，有助于土壤的生成。由于许多花依靠昆虫传粉，故昆虫还和花一起进化。一些昆虫还能提供重要产品，如色素、蜡、丝、蜜、染料，因而对人类是有益的，但由于昆虫会取食各类有机物，则会给农业造成巨大危害。

在高科技领域，有一个学科叫作仿生学，也就是模仿生物，而模仿最多的对象就是昆虫。从我们最常见的飞机说起，飞机为什么会飞？一般人都认为是模仿鸟类的飞行，而实际上现代化的飞机是根据昆虫翅膀的原理而构造出来的。根据昆虫触角的不同功能，仿生学家研制了各种现代化仪器，如气体分析仪、蚊式测向仪。根据昆虫复眼的功能，研制成一种蝇眼照相机。它的镜头由1329块小透镜组合而成，一次可拍摄1329张照片。

① 世界上最长的昆虫

世界上最长的昆虫是尖刺足刺竹节虫，身长可达61厘米。竹节虫

为素食昆虫，但在蜕皮期间，它们也会吃掉自己蜕掉的皮。当它们意识到危险的时候，它们通常会装死，或者长时间地摇摆不定。这种昆虫被认为是可作为宠物的热带昆虫的最佳候选者之一。

▲ 蜻蜓的复眼

②世界上最重的昆虫

世界上最重的昆虫是热带美洲的巨大犀金龟。这种犀金龟从头部突起到腹部末端长达155毫米，身体宽100毫米。其重量约有100克，相当于两个鸡蛋的重量。

③世界上最小的昆虫

世界上最小最轻的昆虫是膜翅目缨小蜂科的一种卵蜂，体长仅0.21毫米，其重量也极轻，只有0.005毫克。折算一下，20万只才1克，1000万只才有一个鸡蛋那么重。也就是说，2000万只这种昆虫，才抵得上一只巨大犀金龟。

56 微生物

一切肉眼看不见或看不清的微小生物可以统称为微生物。微生物结构简单，基本上是由单细胞、简单的多细胞以及非细胞生物组成。由于其进化地位较低，所以大多数是依靠有机物来维持生命的。因为微生物的个体微小，通常要用电子显微镜或光学显微镜才能看得清楚。

微生物具有五大特点：面积大，体积小；吸收多，转化快；繁殖快，生长旺；适应强，易变异；种类多，分布广。原核类微生物分三菌和三体，就是细菌、蓝细菌、放线菌和支原体、衣原体、立克次氏

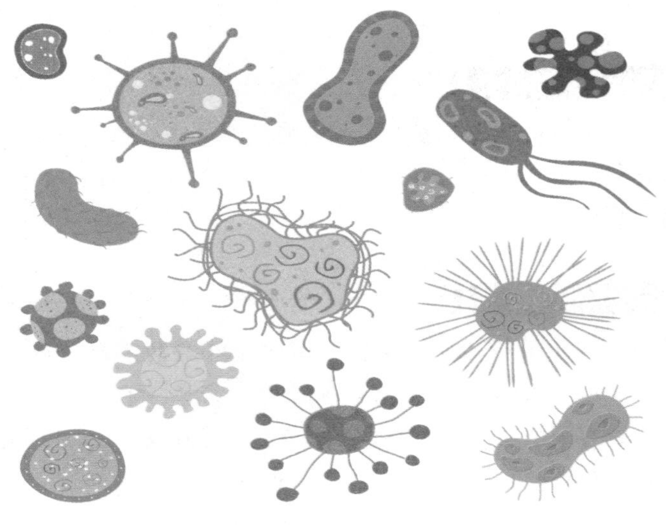

▲ 微生物

体；真核类微生物可分为真菌、原生动物和显微藻类；而非细胞类则包括病毒和亚病毒。其中能引起动物和人发病的微生物叫作病原微生物。

微生物的基本化学组成是碳、氢、氧、氮、磷、硫等元素。其所需的营养物质主要是水、无机盐和一切能为其提供生长所需碳元素、氮元素的营养物质，以及不可缺少的微量有机物。这些营养物质通常来源于周围环境中的有机物质、无机含氮物质等。

①有机质

所谓有机质，就是含有生命功能的有机物质，即有机化合物，是分子量较大的含碳化合物（一氧化碳、二氧化碳、碳酸盐、金属碳化物等少数简单含碳化合物除外）、碳氢化合物及其衍生物的总称。

②元素

元素是化学元素的简称，是指自然界中100多种基本的金属和非金属物质。这些物质组成单一，用一般的化学方法不能使之分解，并且能构成一切物质。到2007年为止，总共有118种元素被发现，其中94种存在于地球上。一些常见元素有氢、氧和碳等。

③最大的微生物

目前世界上已知最大的微生物是一种生长于红海水域中的热带鱼的小肠管道中的微生物。它外形酷似雪茄烟，长200～500微米，最长的可达600微米，体积约为大肠杆菌的100万倍。这种微生物直接用肉眼就可以察觉到它的存在。

57 微生物的作用（一）

在所有疾病中，传染病的发病率及死亡率都位居第一。而导致传染病的流行，就是微生物对人类的最重要的影响之一。从发现微生物致病以来，人类就在不断地与之斗争。虽然在预防和治疗疾病方面，人类已取得了显著的成果，但再现和新现的微生物感染情况还是不断地发生。如今，大量抗生素的滥用，导致许多菌株发生变异而产生耐药性，这使人类健康受到了新的威胁。例如，每次大流行的流感病毒与前次致病的病毒相比，都是发生了变异的，这种快速的变异给疫苗的制造和疾病的治疗带来了很大的困难。

多种多样的微生物中，有一些具有能够引起食物发生不良变化（如腐败）的性质。通过显微镜放大上千倍才能看到的微生物，即使是1000个中等大小的叠在一起，也只不过像句号那么大。拿牛奶为例，每毫升腐败了的牛奶当中大约含有5000万个细菌，那么一滴牛奶中就可能含有50亿个细菌。可以想象，如果我们不小心喝了腐败的牛奶，那么进入体内的细菌数量将会是多么庞大。当然，对于微生物的这种性质，也有有益的一面，人们可以利用它们生产面包、奶酪、泡菜、葡萄酒和啤酒等。

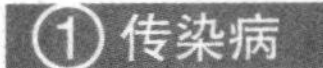

①传染病

传染病是各种病原体引起的能在人与人、动物与动物或人与动物

之间相互传播的一类疾病。病原体中大部分是微生物，小部分为寄生虫。寄生虫引起的疾病又称寄生虫病。传染病的特点是：有病原体，有传染性和流行性，感染后常有免疫性。有些传染病还有季节性和地方性。

② 抗生素

抗生素以前被称为抗菌素，是微生物（包括真菌、细菌、放线菌属）或高等动植物在生活过程中所产生的具有抗病原体或其他活性的一类次级代谢产物，能干扰其他生活细胞的发育功能。重复使用一种抗生素可能会使致病菌产生抗药性。

③ 菌株

菌株又称品系，表示任何由一个独立分离的单细胞（或单个病毒粒子）繁殖而成的纯种群体及其后代。因此，一种微生物的每一个不同来源的纯培养物均可称为该菌种的一个菌株。

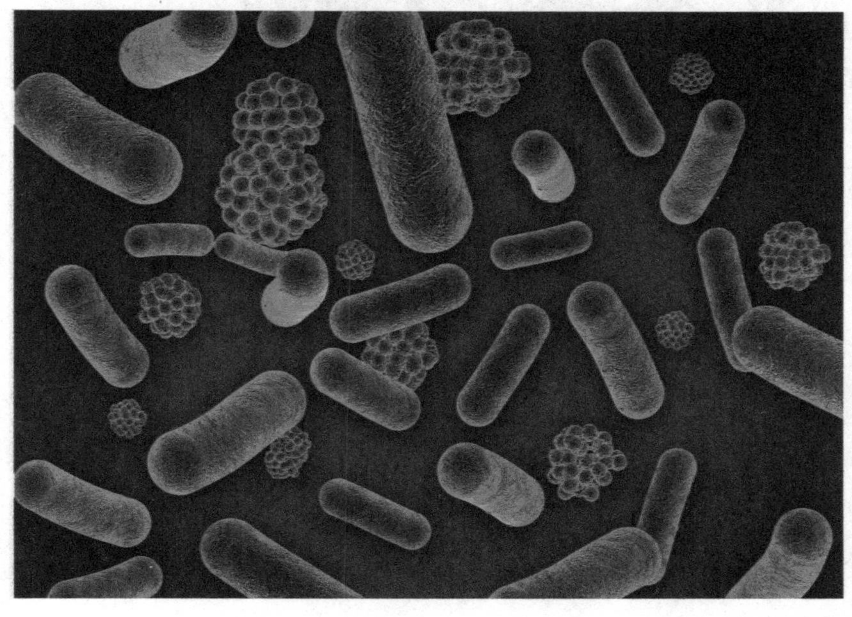

▲ 细菌

58 微生物的作用（二）

▲ 霉菌

微生物会导致疾病的发生，也会使布匹、食品、皮革等腐烂发霉，不过它们也有有益的一面。抗生素的发现与使用，是微生物有效利用的一个标志性体现，也是医学界的一项划时代的发展。最早被发现的抗生素是青霉菌中的青霉素。后来人们又从放线菌等代谢产物中筛选出大量抗生素，并在第二次世界大战中广泛应用。

微生物里有一类被称为环保微生物，它们具有极大的可再生资源的潜力，可以处理废气、废水，也可以降解塑料等。还有一些微生物被广泛应用于工业发酵，生产各种酶制剂、乙醇、食品等。在一些普通生命体不能存活的极端环境中，如温度异常、高碱、高辐射以及高

盐等，仍有一部分微生物能够生存。

微生物之间也存在着相互作用，它们相互依存、互惠共生。例如健康的人体肠道中存在着大量的细菌，菌群在药物、食物及有毒物质的分解和吸收过程中发挥着各自的作用，不过，它们之间的相互作用表现得并不明显，但如果菌群失调，就会导致疾病发生。

①青霉素

青霉素又被称为青霉素G、盘尼西林、青霉素钠，是抗生素的一种，是指从青霉菌培养液中提制的分子中含有青霉烷、能破坏细菌的细胞壁并在细菌细胞的繁殖期起杀菌作用的一类抗生素，是第一种能够治疗人类疾病的抗生素。

②酶

酶大多数由蛋白质组成，是指由生物体内活细胞产生的一种生物催化剂。酶是细胞赖以生存的基础，生命活动中的消化、吸收、呼吸、运动和生殖都是酶促反应过程。哺乳动物的细胞就含有几千种酶。没有酶的参与，新陈代谢只能以极其缓慢的速度进行，生命活动根本无法维持。

③塑料

塑料是一种以高分子量有机物质为主要成分的材料。它在加工完成时呈现固态形状，在制造和加工过程中，可以借流动来造型，可分为热固性与热塑性两类。塑料抗腐蚀能力强、成本低，且是良好的绝缘体，不过易燃、不易降解，所以会造成环境污染。

59 生物灾害

生物灾害主要是指由于严重为害农作物的病、虫、草、鼠等有害生物在一定的环境条件下爆发或流行，造成农作物及其产品巨大损失的自然变异过程。根据成因，生物灾害可分为农作物病害、农业虫害、农田杂草和农田鼠害等几大类。

这些生物灾害对农业生产的毁灭性危害，主要表现在两个方面：第一，造成农作物大面积减产，甚至绝收；第二，导致农业产品大批量变质，造成严重的经济损失。根据联合国粮农组织估计，世界谷物生产因虫害常年损失14%，因病害损失10%，因草害损失11%；棉花生产因虫害常年损失16%，因病害损失12%，因草害损失5.8%。中国农业生物灾害的现状与这个估计类似。据不完全统计，全国防治病、虫、草、鼠的费用逐年增长，仅农药投资一项已高达20亿元。由于中国农业有害生物种类繁多，成灾条件复杂，每年都有一些重大病、虫、草、鼠害爆发和流行。生物灾害每年使中国损失粮食高达300亿千克，损失棉花400万担，并且严重降低水果、蔬菜、油料以及其他经济作物的产量和品质，常年给国家造成100亿元的经济损失。

① 鼠害

鼠害是指鼠类对农业生产造成的危害。鼠类可以传播多种病毒性和细菌性疾病，包括鼠疫和出血性肾综合征。在鼠害严重的季节和局

部地区，老鼠还会咬人，会对人体健康造成直接危害。

▲ 农业虫害

②联合国

联合国是一个由主权国家组成的国际组织，其成立的标志是《联合国宪章》在1945年10月24日于美国加州旧金山签订生效。它致力于促进各国在国际法、国际安全、经济发展、社会进步、人权及实现世界和平方面的合作。

③棉花

棉花是锦葵科棉属植物的种子纤维，原产于亚热带，花朵乳白色，开花后不久转成深红色，后凋谢，留下绿色棉铃，棉铃内有棉子，棉子上的茸毛从棉子表皮长出。棉铃成熟时裂开，露出柔软的纤维。

60 生物工程技术

▲ 转基因食品

生物工程是20世纪70年代初开始兴起的一门新兴的综合性应用学科。生物工程如今被广泛应用于众多领域，包括工业、农业、药物学、医学、环保、能源、化工原料、冶金等。它对人类社会的经济、政治、生活和军事等方面产生了深远的影响，为环境、人类健康和资源等世界性问题的解决展开了美好的前景。

生物工程包括细胞工程、基因工程、生化工程、生物反应器工程和微生物工程五大工程。前两者使作为其特定遗传物质受体的常规菌获得外来基因，成为可以表达超远缘性状的新物种——工程细胞株或工程菌。后三者则为上述具有极大潜在价值的新物种制造良好的繁殖与生长条件，从而使之能进行较大规模的培养。这样可以充分地发挥新物种的内在潜力，为人类提供可观的社会效益和经济效益。

目前，生物工程技术中最为热门、最为人们所关注的是基因工程。基因工程是指在基因水平上，按照人类的需要进行设计，然后按设计方案创建出具有某种新的性状的生物新品系，并使之稳定地遗传给后代。

①冶金

冶金就是从矿石中提取金属或金属化合物，用各种加工方法将金属制成具有一定性能的金属材料的过程和工艺。冶金是从古代制陶术发展而来的，在中国具有悠久的发展历史。冶金的技术主要包括火法冶金、湿法冶金以及电冶金。

②工程菌

工程菌是采用现代生物工程技术加工出来的新型微生物，具有多功能、高效和适应性强等特点。工程菌被应用在治理海洋石油泄漏和生产基因工程药物等方面。除此之外，在发酵工程中，工程菌也发挥着一定的作用，例如它可以提高发酵的效率。

③克隆

克隆可以理解为复制，是指生物体通过体细胞进行的无性繁殖以及由无性繁殖形成的基因型完全相同的后代个体组成的种群。通常是利用生物技术由无性繁殖产生与原个体有完全相同基因组织后代的过程。